GO! 認識我們

化石身世大探索

「化石的一切」編輯室／著
陳識中／譯

目 次

前言 …………………………………4

第 1 章　關於化石　5

化石是什麼？…………………………6
化石的種類……………………………8
化石的年代…………………………10
化石是如何形成的？…………………12
化石是怎麼命名的？…………………14
我們可以從化石知道什麼？…………16
化石是如何被發現的？………………18
該怎麼觀察化石？……………………20

專欄

最古老的化石是？……………………22

第 2 章　各式各樣的化石　23

本書的使用方式………………………23

海洋與水邊生物的化石

菊石……………………………………24
奇蝦……………………………………26
皇室歐巴賓海蠍………………………28
怪誕蟲…………………………………29
三葉蟲…………………………………30
混翅鱟…………………………………32
翼肢鱟…………………………………33
新翼魚…………………………………34
鄧氏魚…………………………………35
裂口鯊…………………………………36
旋齒鯊…………………………………37
中龍……………………………………38
鹿間貝…………………………………39
幻龍……………………………………40
魚龍……………………………………41
蛇頸龍…………………………………42
穗別荒木龍……………………………43
滑齒龍…………………………………44
恐鱷……………………………………45
滄龍……………………………………46
海王龍／三笠海怪龍…………………47
副普若斯菊石…………………………48
古巨龜…………………………………49
梅氏利維坦鯨…………………………50
巨齒擬噬人鯊…………………………51
巴基鯨…………………………………52
陸行鯨…………………………………53

專欄

從化石發現演化的分歧點……………54

陸地生物的化石

盾甲龍…………………………………56
三尖齒獸………………………………57
冠鱷獸…………………………………58
異齒龍…………………………………59
鏈鱷……………………………………60
始盜龍…………………………………61
三疊中國龍……………………………62
斑龍……………………………………63
腕龍……………………………………64

梁龍	65
劍龍	66
釘狀龍	67
異特龍	68
中華龍鳥	69
加斯頓龍	70
禽龍	71
恐爪龍	72
日本龍	73
暴龍	74
厚頭龍	76
棘龍	77
三角龍	78
五角龍	79
大地懶	80
真猛瑪象	81
劍齒虎	82
巨猿	83

飛行生物的化石

巨脈蜻蜓	84
喙嘴翼龍	85
始祖鳥	86
南翼龍	88
風神翼龍	89
無齒翼龍	90
夜翼龍	91

專欄

發現的化石歸誰所有？ 92

第 3 章　什麼是恐龍　93

曾活躍於約1億6,000萬年前的生物	94
恐龍生活的時代是什麼樣子？	96
中生代的日本	97
恐龍是爬行類的一員	98
恐龍與爬行類的演化關係圖	99
恐龍的繁榮得益於溫暖的氣候	100
恐龍是怎麼孵蛋的？	101
日本的恐龍／福井盜龍	102
日本濱鐮龍／神威龍	103
不是恐龍的龍／鈴木雙葉龍	104
歌津魚龍／翼手龍	105

專欄

為什麼恐龍會滅絕？ 106

第 4 章　現代發現的化石　107

藏在牆壁或大理石中的化石	108
能買到化石嗎？	110
可欣賞恐龍和古生物化石的日本博物館	112
化石變成能源的原理	120

專欄

如何成為一名化石研究者？	122
後記	123
索引	124

前　言

　　這本《化石身世大探索》是一本為了讓大眾更加親近化石、對化石產生興趣而誕生的書。相信應該有許多人都曾經在自然科學課本、標本或博物館的展示中見過「化石」才對。

　　在本書中，我們精心挑選了共計126種的化石標本和復原標本，並盡可能依次介紹化石的一切──化石會出現在哪些地方？可以從哪種石頭中發現？又是在什麼情況下形成的？還有，化石是如何形成的？又有哪些種類？我們將從這些角度介紹人類目前所了解的化石，以及關於它們的種種謎團。這些化石包含了遠古時期距今超過6億年前的生物、無脊椎動物和恐龍出現之前統治陸地的爬行類，以及恐龍、魚龍、蛇頸龍、翼龍、猛瑪象等等。

　　如果你讀完這本書之後對化石產生興趣的話，請試著參加挖掘體驗等活動，親自接觸一下真正的化石。希望這本書能幫助大家發現化石的魅力，並且能夠或多或少地更了解它們所記錄的地球歷史。

第1章

關於化石

化石是什麼?

化石是什麼?

化石是指生活在遠古時期的生物遺骸或活動痕跡。通常出土於距今1萬年以上的古地層中。化石可能是原始成分被其他物質替換後形成如石頭般堅硬的東西,也可能是自然冷凍後完整保存下來的原始物質。化石有很多不同的種類,除了恐龍等大型生物外,也有植物的化石或生物足跡的化石。有的化石像珠寶一樣閃閃發光,有的化石則是小得連肉眼都看不見。除此之外,內部有昆蟲遺體的琥珀和冷凍的猛獁象也算是化石的一種。透過觀察化石,我們可以得知古時候曾經有什麼樣的生物存在。另外還有一些化石可以告訴我們埋有化石的地層屬於哪個時代,以及當時的地球環境。

在化石之中藏有遙遠過去的線索,是遠古地球留給後代的瓶中信,也是讓我們能了解現代生物是如何演化至今的手段。

各種大小的化石

大型化石

恐龍的骨頭或菊石等生物等，能夠用肉眼可見的化石稱為「大型化石」。通常我們在博物館中看到的主要都是這種「大型化石」。形成大型化石的一般是擁有骨骼或外殼等堅硬組織的生物。

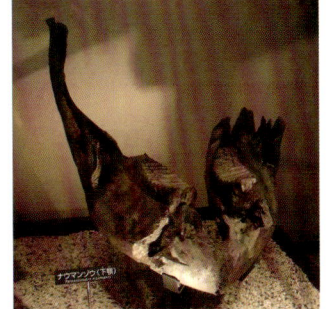

▶ 諾氏古菱齒象的下顎化石〔日本國立科學博物館藏〕
Photo by Momotarou 2012

▲ 阿根廷龍的復原骨骼〔森根堡自然博物館藏〕
Photo by Eva K.

微體化石

「微體化石」是指必須使用顯微鏡才能看見的微小化石。這種化石可以從其極少量的樣本之中，發現大量的資訊。這類化石之中必須用電子顯微鏡才能觀察、尺寸0.01公釐以下者又被稱作「奈米化石」。

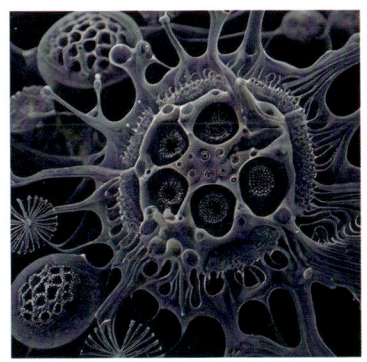

▲ 電子顯微鏡下的有孔蟲和放射蟲

▲ 各種矽藻的殼
Photo by Mary Ann Tiffany

關於化石

化石的種類

實體化石

由生物身體的一部分所形成的化石稱為「實體化石」。生物的骨頭、牙齒、甲殼等堅硬部位比較容易變成化石殘留下來，而通常容易腐爛的皮膚等軟體部分的化石則是非常稀有。

▶「廣翅鱟」是一種生活在古生代志留紀海洋的海蠍

生痕化石

恐龍的足跡、巢穴、糞便等等，可以窺見生物的行動或生活狀態的化石，被稱為「生痕化石」。生痕化石的種類很多，比如鱟等生物爬行的痕跡、生物的蛋或胃石等，這些化石可以告訴我們這些生物是如何行走、吃什麼食物等的生活方式。

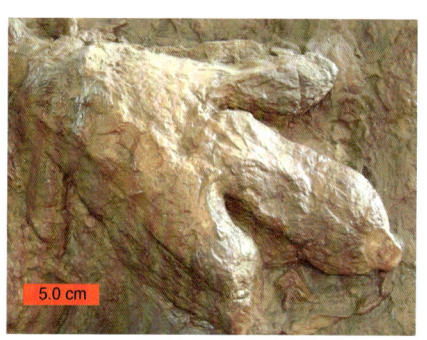

▲恐龍足跡的化石（侏羅紀／美國猶他州）

化學化石

生物體內的碳氫化合物或DNA等有機物，以及來自有機物的成分，變成化石或在地層中保存下來，便會稱呼其為「化學化石」。這種化石是科學家了解生物演化的重要線索。

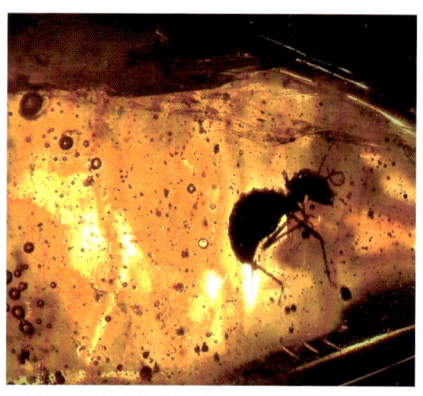

▲被困在琥珀中的螞蟻

化石可以告訴我們的事

化石在地質學中，甚至在現代社會中也扮演著重要角色。

指準化石…得知時代

「指準化石」是只出現在某個特定時代的生物化石。（→P16）找到指準化石，可以幫助科學家了解出現此化石的地層是屬於哪個時代。比如，若挖掘到一種叫「蛙型鏡眼蟲」的三葉蟲化石，就代表該地層是泥盆紀中期堆積而成。代表性的指準化石如下：古生代有三葉蟲和紡錘蟲、中生代有菊石和恐龍、新生代則有猛獁象和諾氏古菱齒象，以及卷貝（ Vicarya japonica ）等等的生物。

▲古生代代表性的指準化石：三葉蟲（鏡眼蟲／古生代泥盆紀／美國）
Photo by Didier Descouens

指相化石…得知環境

「指相化石」會透露出該地層形成之時的環境。（→P16）如果一個化石特別適合用來推測某個特定範圍的環境，那就是非常優異的指相化石。代表性的例子為：若發現珊瑚化石，就能推斷該地點曾是溫暖的海洋；發現蛤蜊，則代表該地曾是淺海；發現蜆，代表該地曾是湖泊或河口；發現山毛櫸，則代表這個地層是在溫帶或略為寒冷的地區堆積起來的。

▲古生代的珊瑚或植物化石

▶美國錫安國家公園。裸露於地表約2億5,000萬年～1億5,000萬年前的堆積岩層，曾在此發現爬行類的化石和恐龍的足跡化石

關於化石

化石的年代

地球的歷史約有46億年。在地球誕生前，原本分散在宇宙中的物質因為重力而開始聚集在一起，最終形成了太陽系。而地球也在這個過程中成形，並在之後走出不同於其他行星的獨特演化之路。

▲ 3億2,000萬年前的植物化石

地層是遠古時代的記錄者

由於地層是從下往上堆積，因此一般來說，在愈下方的地層發現的化石，代表該生物生活的時代愈古老。要知道變成化石的生物究竟有多古老，就必須調查地層。地層有如一個蘊藏大量資訊的遠古記錄者。研究組成地層的岩石成分和被保存下來的其他化石種類，就能得知古生物生活的年代；也有分析地層中的放射性元素，用於推算更精確年代的方法。另外，也可以透過分析隨著時間留下的地球磁石方向，解讀遠古地層的紀錄。

地質年代的區分

所謂的地質年代，是指從地球誕生後到人類開始記錄歷史前的時代。調查沉眠於大地底下的地層與其中的生物化石，是我們了解地球的歷史，以及人類出現之前的時空歷程的手段之一。透過調查地層，科學家可以推定地球在該地層形成的年代處於什麼樣的狀態。這種以地球的地層和化石為線索為地球劃分年代的分類方法，就叫做「地質年代」。地質年代的區分如次頁的表格所示。現在我們人類所生活的地質年代是表中最上方的「新生代第四紀」。猛獁象的出現和滅絕也是在這個年代。（→P81）

主要的地質年代

■地質年代的區分順序──代、紀、世

地質年代表。愈下方的年代愈古老，愈上方的年代愈新，表格囊括了整個地球史。

	地質年代	絕對年代		動物界
新生代	第四紀	258萬年前	哺乳類時代	人類的盛世
	新近紀 古近紀	6,600萬年前		哺乳類的盛世
中生代	白堊紀	1億4,500萬年前	爬行類時代	大型爬行類（恐龍）和菊石的盛世與滅絕
	侏羅紀	2億130萬年前		大型爬行類（恐龍）的盛世 鳥類（始祖鳥）出現
	三疊紀	2億5,190萬年前		爬行類興盛 哺乳類出現
古生代	二疊紀	2億9,890萬年前	兩棲類時代	三葉蟲與紡錘蟲滅絕
	石炭紀	3億5,890萬年前		兩棲類的盛世。紡錘蟲的盛世。爬行類出現
	泥盆紀	4億1,920萬年前	魚類時代	兩棲類出現
	志留紀	4億4,380萬年前		魚類的盛世
	奧陶紀	4億8,540萬年前	無脊椎動物時代	魚類出現 三葉蟲的盛世
	寒武紀	5億410萬年前		三葉蟲出現
前寒武紀	埃迪卡拉紀			原生動物、海綿、腔腸動物等出現
	地球誕生	46億年前		

11

化石是如何形成的？

化石的形成方式

　　化石需要在適合的環境經過漫長時間才能形成，實際上能變成化石保存下來的遺骸非常稀有。過去在地球上生活的動物絕大多數都沒有變成化石，而是不留一點痕跡地完全消失了。能變成化石的動物遺骸通常會沉入海洋、湖泊、河川的底部，堆積在地表上。當這些遺骸被泥沙等沉積物快速掩埋時，雖然軟體部分很快就會腐爛，但骨頭、牙齒、甲殼等不易分解的部分會殘留下來。接著，沉積物中所含的化學成分會滲進這些骨頭或是牙齒裡面，並置換掉遺骸的成分。然後，埋有生物遺骸的沉積物上會隨著時間再堆疊更多的沉積物，便慢慢地形成地層。最後，這些地層被地殼變動等現象擠壓到陸地上，表層在風吹雨打之下被侵蝕，底下的化石露出而被人們發掘。

■動物變成化石的過程

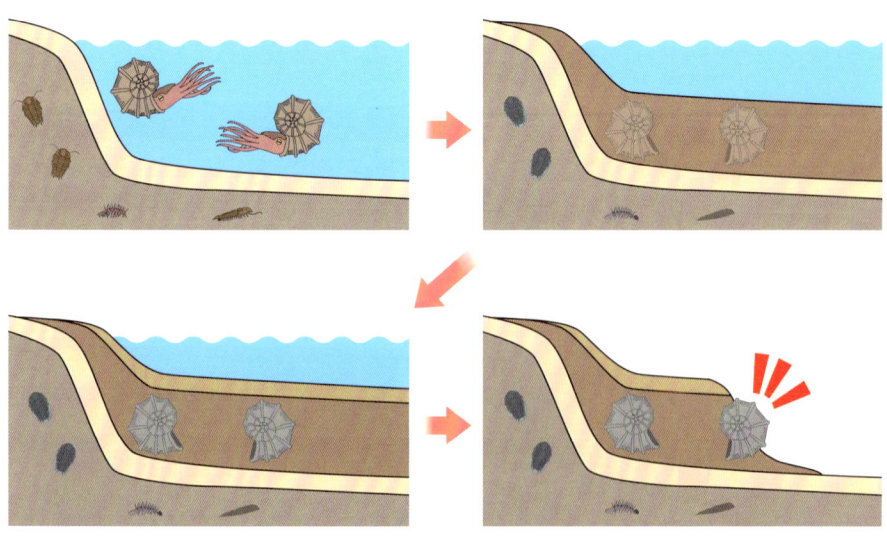

平板狀的化石

沉入海底的生物會慢慢腐朽。生物被埋入泥中後，隨著沉積物不斷堆積，於是該遺骸的骨頭會承受非常大的壓力。最終這些骨頭會完全固化，變成化石。而強大的壓力常常導致化石變成平板狀。

▶ 美國內布拉斯加州的挖掘現場。照片中可看見被壓成平板狀的滄龍化石

關於化石

植物也有化石

跟動物的骨頭和甲殼等堅硬部位相比，植物組織比較容易腐爛，因此相對不易形成化石。但如果沉積在湖泊底部等低含氧量的環境中，由於比較不容易腐爛，植物也有可能會形成化石。比如在世界各地都有發現過的樹幹、樹葉、樹果、花或花粉等各種植物化石。

▲ 葉子的化石（新生代第三紀／美國出土）

被困在琥珀中的昆蟲

琥珀是白堊紀到新生代第三紀期間，由針葉木樹脂所形成的化石。在這些由樹脂凝固而形成的化石中，偶爾會發現遠古時代的昆蟲或蜥蜴等小動物被困在其內部。有時這些生物的軟體部分會因琥珀而保存下來，完整保留了牠們存活時的姿態，因而是狀態非常良好的化石。

▲ 琥珀中的蚊子（波羅的海出土）

13

化石是怎麼命名的?

恐龍的名字是怎麼決定的?

包含恐龍在內,世上所有生物都擁有自己的學名,並透過學名加以分類。學名是依照國際動物命名規約這套全球共通的規則來制定,以拉丁語和希臘語為基礎,並以羅馬字母標示。學名的分類種名由「屬名＋種小名」並列組成。一般來說,第一個發表論文,並且證明所發現的化石與過去發現的化石屬於完全不同物種、乃全新之恐龍者,可以決定這種恐龍叫什麼名字。而大多數的恐龍都是根據身體的特徵、發現者,或是發現地點來命名。

▲「恐龍（Dinosaur）」一詞是由英國古生物學家理查・歐文所創造（Richard Owen, 1804-1892）

○○saurus、○○don、○○ceratops 是什麼意思?

▲長有三根犄角的三角龍復原圖（上）和骨骼（下）

很多恐龍的學名都叫「○○saurus」,比如暴龍（*Tyrannosaurus*）和劍龍（*Stegosaurus*）。「saurus」是希臘語的蜥蜴、爬行類;「Tyranno」則是暴君的意思。另外,還有很多恐龍的名字是「○○don」,比如禽龍（*Iguanodon*）。「don」正確來說是是希臘語的「odon」,也就是「牙齒」,常被用於擁有特殊牙齒的恐龍。禽龍（*Iguanodon*）學名直譯是「鬣蜥的牙齒」,非常直接地用化石外觀作為學名。至於「ceratops」則是「長角的臉」之意,所以角龍家族的三角龍叫「*Triceratops*」,「Tri」就是「三」的意思。

14

劍龍 *Stegosaurus*

stego ＝ 被屋頂覆蓋的　　saurus ＝ 蜥蜴

◀劍龍的骨骼標本（侏羅紀後期／美國出土）
Photo by FunkMonk EvaK

▲背部的骨板化石〔美國蒙大拿州立大學附設洛磯山脈博物館藏〕
Photo by Tim Evanson

劍龍學名（*Stegosaurus*）中的「stego」是「屋頂」的意思。因為牠的背上有兩排巨大的骨板，而這些骨板在最初發現時不像是立在背上，而是有如屋瓦般蓋在背脊上，所以被取名為「屋頂蜥蜴（爬行類）」。

恐爪龍 *Deinonychus*

deino ＝ 恐怖的　　nychus ＝ 爪子

◀恐爪龍（中世代白堊紀前期／美國）〔芝加哥菲爾德自然歷史博物館藏〕

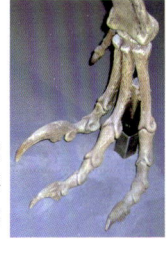

▶恐爪龍腳部鉤爪的模型〔丹麥哥本哈根博物館藏〕
Photo by FunkMonk

恐爪龍，一如其名，是種腳上長有一根巨大鉤爪的恐龍。這根鉤爪比其他腳趾的爪子都要長，又大又彎，一般認為是恐爪龍狩獵時用來撕裂獵物身體的武器。

關於化石

我們可以從化石知道什麼？

可以得知地層沉積的時代，以及該時代的生活環境。

指準化石和指相化石

由於我們知道恐龍只存在於地球上的某個時代，並且已經滅絕了，因此若是在地層中發現恐龍化石，就能確定該地層沉積的時代。像要是發現紡錘蟲與三葉蟲化石的話，代表該地層屬於「古生代」；若發現的化石是恐龍與菊石的話則為「中生代」；發現諾氏古菱齒象與卷貝化石則是「新生代」。這種能指示地層年代的化石稱為「指準化石」，而另一種能顯示生物所生活之環境的化石則稱為「指相化石」。比如若在地層中發現帆立貝化石，即可確定該地層形成的環境是冰冷的海洋！；如果發現珊瑚化石，代表是溫暖的砂地淺海；若發現山毛櫸化石，則代表是寒冷的地區。透過同地層出土的指準化石和指相化石，可以得知該地層屬於哪個年代，以及當地該時代的環境。

▼含有紡錘蟲的石灰岩。這是一種古生代的有孔蟲。
Photo by Wilson44691

▲諾氏古菱齒象的生體復原模型〔日本長野縣野尻湖諾氏古菱齒象博物館藏〕

16

可以從化石得知恐龍的生態

因為恐龍的牙齒相對堅硬，容易變成牙齒化石留存下來。若某種恐龍長著刀刃般的牙齒，則可推測該恐龍屬於肉食性生物；如果擁有平坦圓潤的牙齒，代表該恐龍平常吃的可能是植物的葉子或是果實。此外，科學家還可以從一個牙齒的化石推算出恐龍的頭顱大小，並得知該恐龍是屬於哪個種類。若發現骨骼化石，則能推測該恐龍的軀體大小；將發現的骨頭組裝起來，甚至能得知骨骼和肌肉的結構，曉得牠們長什麼模樣。是四足行走還是雙足行走？可以跑得多快？想像牠們的運動方式。除此之外，如果在恐龍化石附近一併發現了葉子的化石，就能判斷這種恐龍的棲息地是森林還是草原。另外，還有恐龍巢穴的化石和恐龍蛋的化石。有時若在同一個地點同時發現恐龍的嬰幼獸和成獸化石，還能證明這種恐龍有養育後代的習性。還有，足跡化石可以幫助科學家想像肉食恐龍追捕草食恐龍的模樣。研究各種不同的化石，有助於我們一點一點地拼湊出恐龍們的生活。

關於化石

▲馳龍的化石（白堊紀後期／中國）

◀「中國鳥龍」的想像圖。這是一種馳龍科的小型肉食恐龍（白堊紀前期／中國）

化石是如何被發現的？

必須去挖掘含有化石的地層。請試著查閱相關書籍，或詢問學校裡的老師、博物館的學藝員，以及研究化石的學者，打聽化石都是在哪裡被挖到的吧。

化石的挖掘

要挖掘頁岩或石灰岩中的化石，必須使用可以粉碎這些岩石的大小錘子。除此之外還需要準備鑿子、厚手套、報紙、塑膠袋、放大鏡、筆記本、鉛筆、地圖、便當、水壺、雨具等工具。另外，帶上有GPS的智慧手機或指南針可以幫助你掌握自己的所在位置，會很方便。還有，為了避免蚊蟲叮咬，建議

穿著長袖與長褲，並戴好帽子防止頭部被掉落的石頭砸傷。下面介紹各種挖掘化石必備的工具。

- 地質槌
- 鑿子：從堅硬岩石中取出化石之不可或缺的工具。
- 鏟子：為了方便挖出化石，建議可以準備多種不同寬度的鏟子。
- 報紙
- 厚塑膠袋
- 放大鏡
- 手機（具照相和GPS等功能）

- 地質羅盤：除了能測量地層的傾向、傾角外，也能進行其他簡單的測量。
- 地圖（地形圖）
- 帽子（安全帽）
- 護目鏡
- 厚手套
- 頭燈
- 筆記本：用於記錄化石的發現地點、岩石種類、發現的化石種類等等。

- 鉛筆
- 量尺：測量化石的大小、地層高度等。
- 便當
- 水壺
- 雨具

※前往挖掘化石前，務必事先取得土地所有人的許可再作業。另外，請千萬不要在日本政府指定為天然紀念物的地方挖掘化石。

如何挖掘化石？

想體驗挖掘化石，最簡單又安全的手段就是參加博物館舉行的挖掘活動。如此不僅能在取得正式許可的土地上作業，也有學藝員（類似策展人的專業人員）告訴你挖掘的方法和哪裡更容易挖到化石，令人安心。在日本若想參加這類活動，可以上各大博物館的官網確認。（→P112）

化石的挖掘方法

首先找到化石露出地表的地點，再推測化石可能被埋在哪個位置，然後一點一點地挖掘。重點是不要一口氣挖出來，先用錘子和鑿子慢慢挖出化石的表面，掌握其整體的位置。在挖出化石之前，請先畫出草圖，記錄化石的排列方式和分布情況。記錄和研究這些資訊，有助於推測遺骸形成化石時的背景。最後再挖出化石，帶回去進行更加詳細的研究。

■ 挖掘化石的流程

尋找化石的產地

※ 化石通常位於較危險的地方，因此請勿獨自前往挖掘。推薦先從參加博物館舉辦的挖掘活動開始。

準備工具，仔細確認挖掘的注意事項之後再出發

※ 請穿著登山用的服裝。

尋找化石

使用地質槌或鑿子將化石連同周圍的土石一起挖出

※ 請大致記錄挖掘地、挖掘的年月日、挖掘者、露頭的狀態、化石大小等資訊。

將化石帶回去，再用小錘子、鑿子、研磨器清理化石

▲使用鑿子從岩盤中取出化石

關於化石

19

該怎麼觀察化石？

判斷發現之化石種類的方法

發現化石時，首先請仔細察看地面並「觀察表面」。假設我們在挖掘現場發現了某種生物的骨頭化石，此時，如果在該化石的所在地層中挖出了田螺，即可推測當地曾是池塘或河川，繼而推斷這可能是棲息在池塘或河川附近的恐龍化石。

此種有助於判斷地質環境的化石稱為「指相化石」。另外，若在同地層中發現三角蛤或菊石的化石，由於牠們是中生代的生物，故可推斷該地層屬於中生代的地層。

為什麼從一部分的骨頭就能得知動物的種類？

若發現的是牙齒化石，且那個牙齒呈現有如牛排刀的鋸齒狀，代表它的主人可能是肉食恐龍；若發現的是頸骨化石，則可以從形狀推測出原主人的頭部是不是能做到高高抬起的動作，以及頸部能夠扭轉到何種程度。同時，還可以比較新發現的骨頭跟以前發現的其他骨頭，藉以分析動物的種類。有些骨頭的特徵是所有動物都一樣，也有些特徵是能夠幫助我們判斷該骨頭屬於哪種動物。例如所有蜥腳亞目動物的肋骨形狀都一樣，但不同蜥腳亞目恐龍的骨骼、下顎、牙齒等卻會有著明顯的差異。只要觀察這些骨頭，就能得知化石屬於哪一個種類。

▲為了避免破壞化石，必須小心清理附著在化石周圍的岩石

鑑賞化石的訣竅

如同鑑賞繪畫等美術作品，你可以按照自己喜歡的方式來欣賞化石。以下介紹幾個能夠提升化石鑑賞趣味的觀賞點。

❶ 化石的地質年代

在博物館或恐龍展等地方欣賞化石展覽時，若已對地質年代有粗略的認識，便能將其當成「參照點」，這是鑑賞化石標本的第一個關鍵。比如，若該化石是白堊紀後期的恐龍，你會知道同時期的地球上已出現很多哺乳類和鳥類。

❷ 產出地

其次，請檢查一下日本和世界各地都發現了哪些化石。在恐龍最繁盛的中生代，以及在此之前的古生代，由於地球上的大陸板塊曾經發生移動的情形，因此當時的世界地圖跟現在的大不相同。比如從二疊紀到白堊紀的這段漫長期間，北美洲和亞洲是相連的。若對過去的地理狀態有大致了解，就能知道該怎麼欣賞當時留下的化石。

❸ 觀察化石的狀態

接著，請觀察化石表面的狀態和顏色。你可能會在化石表面發現各種缺損和毀壞的部分，也可能在上面發現肉食恐龍啃咬，或生病、受傷的痕跡。另外，不妨也詢問一下博物館的展覽解說員，確認一下展示的化石是真品還是複製品，以及是否經過修復或復原。

❹ 判斷生物學上的分類

請稍微了解一下生物學的分類群。比如脊椎動物可分為魚類、兩棲類、爬行類、鳥類、哺乳類等等。至於更細的分類，以爬行類為例，則可以試著去區分恐龍、鱷魚、翼龍的不同。假如是恐龍化石的話，則可具體去猜猜屬於哪一類的恐龍。比如是迷惑龍那種蜥腳亞目？還是暴龍那樣的獸腳亞目？

❺ 演化上的關注點

我們可以從化石得知恐龍在體型上的演變（演化）、食性的變化，以及由四足變成雙足行走等許多不同的情形。掌握演化的趨勢後，再回頭比較骨頭或骨骼大小以及外型的差異，或許你會發現意料之外的事實。

▲暴龍的骨骼化石〔福井縣立恐龍博物館藏〕

專欄 1　最古老的化石是？

在「初期的生命紀錄」中，最為人所知的是「約35億年前的化石」。1993年，美國加州大學的J・威廉・肖普夫在分布於澳洲西部皮爾布拉地區，距今約34億6,500萬年前的岩石中發現了「*Primaevifilum*」。這是一個全長不到1公釐，形狀有如細線的化石。肖普夫在地層中發現的不是生物本身的化石，而是能證明當時曾有生物存在的「生命活動的痕跡」。但這個微小的化石並未得到學名。

另一方面，於2010年非洲中西部的加彭也出土了距今約21億年前的「多細胞生物」化石。這個化石的外觀很像荷包蛋，在有如破裂蛋黃的中心部位，存在許多花邊狀的結構物。其數量共250個，最大的有12公分。從尺寸來看，這個化石是標準的大型化石，但也有人指出這個化石「其實不是化石」。

◀外型有如腫瘤，距今超過20億年前，前寒武紀時代的疊層石化石（美國／冰河國家公園）

第2章

各式各樣的化石

● 海洋與水邊生物的化石
● 陸地生物的化石
● 飛行生物的化石

本書的使用方式

① 棲息年代
以「古生代」、「中生代」、「新生代」來劃分，下面則是更詳細的年代。

② 俗名、學名、通稱
絕大多數的生物在日常生活中都是用俗名稱呼，但某些生物除了俗名之外，還有其他通稱。

③ 分類
除了爬行類和無脊椎動物等依然適用於現代生物的分類群外，也有如魚龍目、單孔亞綱等只存在於特定年代的分類群。

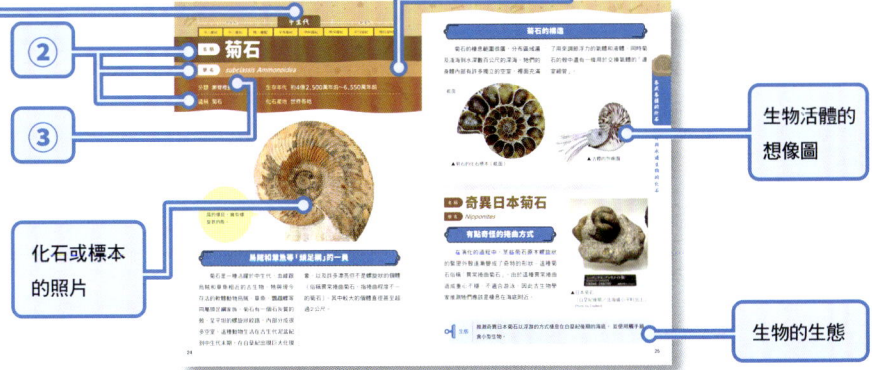

生物的基本資訊

化石或標本的照片

生物活體的想像圖

生物的生態

古生代			中生代			新生代	
早三疊紀	中三疊紀	晚三疊紀	早侏羅紀	中侏羅紀	晚侏羅紀	早白堊紀	晚白堊紀

名稱 菊石

學名 subclassis Ammonoidea

分類 無脊椎動物　　**生存年代** 約4億2,500萬年前～6,550萬年前

通稱 菊石　　**化石產地** 世界各地

菊石是外型類似壓扁的螺貝，擁有螺旋狀的殼。

烏賊和章魚等「頭足綱」的一員

　　菊石是一種活躍於中生代，血緣跟烏賊和章魚相近的古生物。牠與現今存活的軟體動物烏賊、章魚、鸚鵡螺等同屬頭足綱家族。菊石有一個石灰質的殼，呈平坦的螺旋狀紋路，內部分成很多空室。這種動物生活在古生代泥盆紀到中生代末期，在白堊紀出現巨大化現象，以及許多漂亮但不是螺旋狀的個體（俗稱異常捲曲菊石，指捲曲程度不一的菊石）。其中較大的個體直徑甚至超過2公尺。

菊石的構造

菊石的棲息範圍很廣，分布區域遍及淺海到水深數百公尺的深海。他們的身體內部有許多獨立的空室，裡面充滿了用來調節浮力的氣體和液體。同時菊石的殼中還有一條用於交換氣體的「連室細管」。

▲菊石的化石標本（截面）

截面

▲活體的想像圖

各式各樣的化石　海洋與水邊生物的化石

名稱 奇異日本菊石

學名 *Nipponites*

有點奇怪的捲曲方式

在演化的過程中，某些菊石原本螺旋狀的緊密外殼逐漸變成了奇特的形狀。這種菊石俗稱「異常捲曲菊石」。由於這種異常捲曲造成重心不穩，不適合游泳，因此古生物學家推測牠們應該是棲息在海底附近。

▲日本菊石
（白堊紀後期／北海道小平町出土）
Photo by Daderot

生態 推測奇異日本菊石以浮游的方式棲息在白堊紀後期的海底，並使用觸手捕食小型生物。

25

古生代					中生代		新生代
寒武紀	奧陶紀	志留紀	泥盆紀	石炭紀		二疊紀	

名稱 奇蝦

學名 *Anomalocaris*

分類 應該是節肢動物　　**生存年代** 約5億4,100萬年前～4億8,800萬年前

通稱 奇蝦　　**化石產地** 加拿大、中國等

▲「加拿大奇蝦」的化石中最完整的標本　Photo by Keith Schengili-Roberts

寒武紀最強的古生物

　　寒武紀是動物的物種數量爆炸性增長的時代。而在原本幾乎只有小型動物的寒武紀世界中,「奇蝦」可說是獨樹一幟,全長可達約60公分～2公尺,是這個時代最大、最強的肉食生物。也有科學家曾挖到一個三葉蟲化石,它身體的一部分被奇蝦吃掉還殘留著齒痕。

　　由於奇蝦2根帶刺的強大觸角像是蝦子、圓圓的嘴巴像水母、身體卻像是蜈蚣,因此科學界有很長一段時間,一直以為這些分別屬於不同的動物。奇蝦雖然擅長游泳,但一般認為牠們平常是用藏在鰭下的眾多肢足在海底步行的。

擁有一對又大又圓的複眼

▲被認為屬於奇蝦的複眼化石
Photo by UNE Photos

複眼是一種由許多小眼組成的視覺器官。複眼的動態視力很優秀，幫助生物更容易捕捉到會動的獵物。在現存的動物中，蜻蜓擁有大約3萬個小眼組成的複眼，蒼蠅則有約3,000個。而奇蝦大約有1萬6,000個，視力超群。

▲加拿大奇蝦〔維也納自然歷史博物館藏〕
Photo by Klaus Stiefel

生態

奇蝦擁有巨大而優異的複眼。

各式各樣的化石　海洋與水邊生物的化石

可以在下列的博物館中觀賞到日本的奇蝦化石。
愛知縣蒲郡市「生命之海科學博物館」
福井縣「福井縣立恐龍博物館」

▲活體的想像圖　標準大小約1公尺

27

古生代				中生代		新生代
寒武紀	奧陶紀	志留紀	泥盆紀	石炭紀	二疊紀	

皇室歐巴賓海蠍

學名 *Opabinia regalis*

分類	應該是節肢動物	生存年代	約5億1,000萬年前～5億500萬年前
通稱	歐巴賓海蠍	化石產地	加拿大

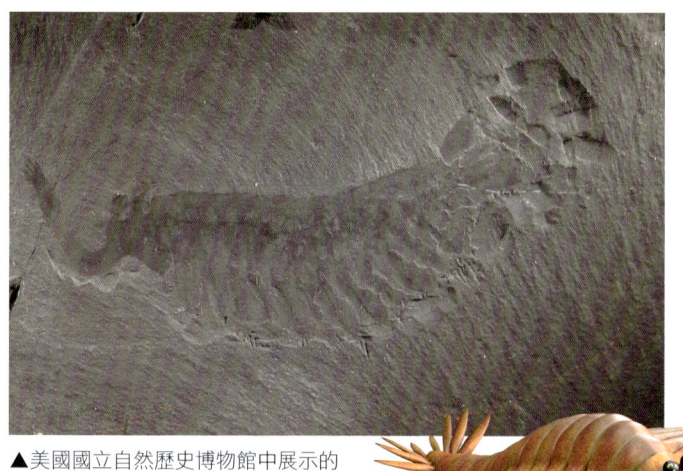

▲ 美國國立自然歷史博物館中展示的歐巴賓海蠍模式標本「USNM 57683」

生態

全長4～7公分（不算口器）。推測這是一種會用象鼻般的口器捕食其他生物的肉食動物。

◀ 活體的想像圖
體長4～7公分
（不算口器）

擁有5個眼睛的古生物

　　這是一種擁有類似象鼻的長管，長管末端長有鋸齒剪刀狀口器的奇特古生物。皇室歐巴賓海蠍跟昆蟲、蝦蟹一樣有許多小眼組成的複眼，而且牠的複眼還多達5個。儘管乍看不太相似，但皇室歐巴賓海蠍和奇蝦（→P26）是血緣關係非常接近的親戚，目前也已找到形態介於兩者之間的動物化石。至於原本被誤認為是奇蝦家族的「多毛猶他黎女蟲」，則在2022年2月的一本英國科學雜誌上被認定為全球第二個「歐巴賓海蠍的新種」。

28

古生代			中生代		新生代
寒武紀	奧陶紀	志留紀	泥盆紀	石炭紀	二疊紀

名稱　怪誕蟲

學名　*Hallucigenia*

分類	應該是節肢動物	生存年代	約5億2,100萬年前～5億500萬年前
通稱	怪誕蟲	化石產地	加拿大、中國

各式各樣的化石　海洋與水邊生物的化石

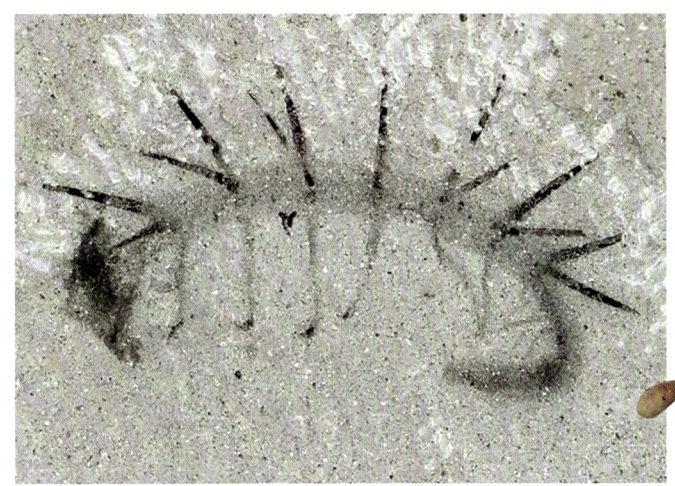

生態

披著棘狀的盔甲，在頭部的口器處長有一圈環狀排列的牙齒。

▲怪誕蟲的化石。體長15公釐

▲活體的想像圖
體長約1～5公分

名字的由來是「產生幻覺之物」

　　「怪誕蟲」是一種棲息在5億年前寒武紀的奇妙生物。牠的背上長有尖角，使用細細的肢足緩慢步行。有一學說推測牠們主要從動物的屍體上吸取養分維生。怪誕蟲過去在復原時曾被錯誤地上下顛倒，是一種有名的古生物。早前科學界曾對哪一端是牠的頭部爭論不休，現在則發現以前認為是尾部的部分其實是頭部。怪誕蟲是現今主要棲息在熱帶雨林之有爪動物門的近親，兩者都被認為是節肢動物的祖先。學名的拉丁語是「如夢似幻」的意思。

29

古生代			中生代		新生代
寒武紀	奧陶紀	志留紀	泥盆紀	石炭紀	二疊紀

名稱 三葉蟲

學名 *Trilobita*

分類 節肢動物　　　**生存年代** 約5億4,100萬年前～2億5,100萬年前

通稱 三葉蟲　　　　**化石產地** 世界各地

生存在寒武紀的大型三葉蟲──奇異蟲

三葉蟲是一種足以代表古代生物的節肢動物，出現在寒武紀，而且一登場就馬上迎來最大的盛世。三葉蟲的名字源自於牠縱向排列的三節（繩狀）身體構造。微微膨脹的中葉左右是兩個平坦的側葉。全身分成頭部和有體節的胸部與尾部，並擁有發達的眼睛。從形狀和排列看來，推測這種身體結構有助於游泳。其中的奇異蟲（*Paradoxides*）生活在寒武紀中期，是當時遍布全世界的一種大型三葉蟲。在那個時代絕大多數三葉蟲的體型都小於10公分，而奇異蟲體長卻將近20公分。

擁有各種特徵的三葉蟲

根據已發現的化石,推測三葉蟲的種類數量可達1,500個屬、10,000個種之多。雖然某些大型種類可達70公分,但絕大多數的種類都小於10公分。由於三葉蟲家族中每個單獨種類的生存時期都很短,他們的外型也不斷地演化改變,因此被視為古生代代表性的指準化石。除此之外,由於構成胸部的各體節可以移動,三葉蟲能夠彎曲身體至對折,或是像犰狳那樣捲成球狀以防禦外敵。

▲*Dicranurus*的化石(古生代泥盆紀／美國)〔休士頓自然科學博物館藏〕 Photo by Daderot

生態 擁有用來抵禦掠食者的長長尖刺,以及發達的巨大眼睛。

特徵是可以伸長的眼睛

一般認為三葉蟲是最早發展出視覺的動物之一。很多種類的三葉蟲擁有蜻蜓般的複眼,因此視力極為發達,可以辨識物體的形狀。其中最特別的是一種名為「卡瓦勒斯基櫛蟲(*Asaphus kowalewskii*)」的三葉蟲,牠的眼珠子能像蝸牛一樣伸長,眼睛位於眼軸末端。在俄羅斯聖彼得堡附近的沃爾霍夫河地區,奧陶紀中期的沉積層中曾發現牠的化石。

▲卡瓦勒斯基櫛蟲的化石(奧陶紀中期／俄羅斯)2.5公分〔芝加哥菲爾德自然歷史博物館藏〕 Photo by Smokeybjb

生態 推測平時潛伏在海底,並且用長長的眼睛窺探外面的情況。

31

古生代			中生代		新生代
寒武紀	奧陶紀	**志留紀**	泥盆紀	石炭紀	二疊紀

名稱　混翅鱟

學名　*Mixopterus*

分類	節肢動物	生存年代	約4億2,620萬年前～4億1,600萬年前
通稱	海蠍	化石產地	挪威、美國、愛沙尼亞

▲混翅鱟的化石　Photo by Kumiko

生態
同時擁有在海底行走用的肢足，以及專門用來游泳的槳狀肢足。

◀活體的想像圖
體長約75公分

擁有多種不同功能肢足的海洋節肢動物

　　海蠍是蠍子的近親，是一個已經滅絕的分類群。古生物學家推測牠們曾經稱霸海洋，在魚類崛起前是海洋生態系的高級掠食者。而「混翅鱟」則是海蠍家族中最具代表性的存在。牠們是肉食性動物，可能會潛伏在海底偷襲獵物。擁有用來狩獵的長肢，以及負責將獵物送到口中並固定獵物的短肢。除此之外，牠們還擁有行走用的肢足，以及方便游泳的槳狀肢。這些不同功能的肢足都有明確的化石證據。至於混翅鱟是否跟原始蠍子一樣有毒則尚不清楚。

古生代				中生代		新生代
寒武紀	奧陶紀	**志留紀**	泥盆紀	石炭紀		二疊紀

名稱　翼肢鱟

學名 *Pterygotus anglicus*

分類　節肢動物　　　生存年代　約4億2,800萬年前～3億7,220萬年前
通稱　海蠍　　　　　化石產地　北美洲、歐洲

生態
尾巴末端像團扇一樣展開，形狀非常適合游泳。

▼活體的想像圖
全長超過2公尺

▲兩隻一大一小的翼肢鱟化石　　Photo by Ghedoghedo

各式各樣的化石　海洋與水邊生物的化石

進化型海蠍的代表

「翼肢鱟」屬於海蠍家族，是蠍子、蜘蛛、鱟的遠親，全長超過2公尺，乃史上最大的節肢動物。牠們會用巨大的複眼尋找獵物，再用尖銳強大的鉗子發動攻擊，是當時最凶猛的掠食者。推測這種動物就跟牠們的現代親戚鱟一樣，在危急時會以腹部朝上的姿勢游泳。翼肢鱟最大的特徵是尾巴末端並非呈現「劍形」，而是像團扇一樣圓圓扁扁的。海蠍家族的棲息環境遍及淡水到汽水域，且在臭氧層形成、進入泥盆紀後擴大至陸地上，留下在陸地行走的足跡化石。

33

古生代				中生代		新生代
寒武紀	奧陶紀	志留紀	**泥盆紀**	石炭紀	二疊紀	

名稱　新翼魚

學名 *Eusthenopteron*

分類　魚類　　　　　生存年代　約3億8,500萬年前
通稱　新翼魚（真掌鰭魚）　化石產地　北美洲、歐洲

▲新翼魚的化石
〔美國克里夫蘭自然歷史博物館藏〕
Photo by Tim Evanson

▲活體的想像圖　體長約15公分

生態

魚鰭內擁有手指般的骨頭，推測其以肺呼吸。

擁有手臂般的鰭，可以撥開水草的魚

「新翼魚」是魚類的一種。牠的身體上長有一對狀似手臂的魚鰭，學名拉丁文則有「強壯的鰭」之意。新翼魚的魚鰭比其他魚類來得大，且據信非常有力。魚鰭內藏有類似手指的骨骼，似乎可以幫助牠們在水中游泳時撥開水草。新翼魚是魚類朝陸地生物演化過程中的中間物種。平常生活在海洋與河川交匯的汽水域。科學家推測牠們不是用鰓，而是用肺呼吸。假如這個推論正確，那麼新翼魚或許可以短暫爬到陸地上行動。一般認為新翼魚應該是肉食性，憑藉捕食其他較小的魚類維生。

古生代			中生代		新生代	
寒武紀	奧陶紀	志留紀	**泥盆紀**	石炭紀		二疊紀

名稱　鄧氏魚

學名　*Dunkleosteus*

分類　魚類　　　　　生存年代　約3億8,200萬年前～3億5,800萬年前

通稱　鄧氏魚　　　　化石產地　北美洲、歐洲、摩洛哥

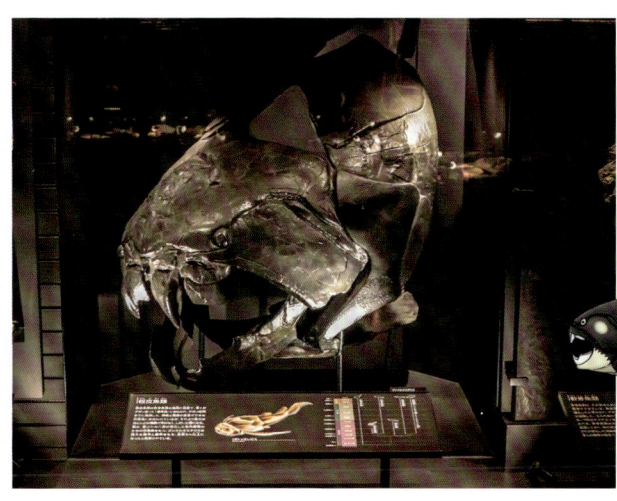

▲鄧氏魚的頭骨化石〔日本國立科學博物館藏〕

生態

會以強大的下顎為武器，推測牠是凶猛的掠食者。

活體的想像圖▲
體長3.4～4.1公尺
（2023年的推算）
Photo by Russell K. Engelman

各式各樣的化石　海洋與水邊生物的化石

擁有巨大軀體和盔甲的肉食魚類

過去一度推測這是一種全長將近9公尺的巨大肉食魚類。牠們的頭部和胸部包覆著由板狀骨頭聚集而成的堅硬盔甲。同時下顎也非常結實，應該是擁有很強大的咬合力。儘管沒有牙齒，但口部長有如獠牙般的銳利骨頭。這個骨頭可以輕易咬碎獵物。上顎和下顎都能夠活動，因此科學家推測牠們會捕食大型魚類。目前只有發現「鄧氏魚」頭部和胸部等盔甲部位的化石，尚未找到尾鰭等身體的後半部，因此仍不清楚牠們正確的樣貌。

35

古生代				中生代		新生代
寒武紀	奧陶紀	志留紀	泥盆紀	石炭紀	二疊紀

名稱 裂口鯊

學名 *Cladoselache*

分類 魚類	生存年代 約3億7,000萬年前
通稱 裂口鯊	化石產地 美國

▲ 早期的鯊魚化石（泥盆紀／美國）
〔辛辛那提博物館中心藏〕
Photo by James St. John

生態

擁有各種發達的魚鰭，推測其在水中擁有優異的機動性。

◀ 活體的想像圖
體長約2公尺

出現於古生代的最古老鯊類

「裂口鯊」的身體側面和下方擁有數排魚鰓，一般認為牠們是鯊魚的祖先、鯊魚和鱝魚家族的成員，且是目前已知最古老的鯊魚。最大體長可達2公尺，特徵是背鰭前方有一根大大的刺，以及特別巨大的胸鰭。儘管泥盆紀的鯊魚已經漸漸適應海洋和淡水域，開始變得多樣化，但當時的牠們大多體型偏小，在生態系中屬於配角的地位。裂口鯊的外觀跟現代的鯊魚相差不大，但嘴巴仍位於身體的最前端，比較原始。鯊魚家族從裂口鯊開始歷經4億年的演化，外型幾乎沒有太大改變，可說是演化史上最成功的類群。

古生代						中生代		新生代
寒武紀	奧陶紀	志留紀	泥盆紀	石炭紀	二疊紀			

名稱　旋齒鯊

學名 *Helicoprion*

分類　魚類　　　生存年代　約2億9,000萬年前～2億5,000萬年前

通稱　旋齒鯊　　化石產地　世界各地

生態

牙齒位於下顎的正中間，下顎的構造跟銀鮫家族的成員一致。

▲旋齒鯊的牙齒化石。直徑約20公分。共有超過100顆牙齒，以螺旋狀排成三圈　Photo by Citron

▼基於2013年的研究畫出的復原圖。體長平均4～6公尺，最大可達10～12公尺

擁有螺旋狀奇妙牙齒的巨大銀鮫

在俄羅斯、日本、澳洲、美國等世界各地，都曾發現「旋齒鯊」的化石，牠是當時的銀鮫家族中非常繁榮的一員。旋齒鯊在約2億9千萬年前首次登場，並在2億5千萬年前絕跡。牠們的牙齒外觀奇妙卻功能性十足，是會令人聯想到圓鋸、俗稱「Tooth whorl（旋齒）」的漩渦狀牙齒。科學界曾花了超過100年的時間不斷嘗試犯錯，試圖替旋齒鯊找到正確的分類，最後終於在2013年透過電腦斷層掃描發現旋齒鯊是兔銀鮫的親戚，而銀鮫也是現存跟旋齒鯊血緣最接近的種群。

各式各樣的化石　海洋與水邊生物的化石

古生代					中生代	新生代
寒武紀	奧陶紀	志留紀	泥盆紀	石炭紀	**二疊紀**	

名稱　中龍

學名　*Mesosaurus*

分類	爬行類	生存年代	約2億9,000萬年前
通稱	中龍	化石產地	非洲、巴西、烏拉圭等

生態

四肢有蹼，並且擁有適合咬碎堅硬甲殼的牙齒。

▼活體的想像圖
體長約1公尺

▲中龍的化石（二疊紀／巴西）
Photo by Kevmin

從陸地回到水中生活的爬行類

　　原本住在水中的兩棲類登上陸地後，最終演化出了爬行類。然而，有一群爬行類後來又回到水中生活，「中龍」便是其中一種。牠的軀體圓潤平滑，跟兩棲類一樣適合水中環境。同時，中龍的四肢很細，後腿略長於前腿。尾巴修長且附有鰭，推測能在水中迅速游動。牙齒呈細鋸齒狀，可能是用來捕食蝦子或螃蟹等擁有堅硬外殼的生物。肋骨相當粗壯，推測不擅長在水中進行急轉彎。

古生代			中生代		新生代
寒武紀	奧陶紀	志留紀	泥盆紀	石炭紀	**二疊紀**

名稱　鹿間貝

學名　*Shikamaia*

分類	無脊椎動物	生存年代	約2億6,000萬年前
通稱	鹿間貝	化石產地	日本、馬來西亞、克羅埃西亞

各式各樣的化石／海洋與水邊生物的化石

生態

一般認為鹿間貝會從沉積物中吸取化學合成細菌來發育貝殼。

▼活體的想像圖
全長約1.5公尺

▲鹿間貝的化石（二疊紀／日本）〔日本國立科學博物館藏〕

在日本發現的巨大兩扇貝

「鹿間貝」是一種巨大的兩扇貝，最早發現於日本岐阜縣的金生山。其學名和俗名取自古生物學家鹿間時夫博士。一般認為這種貝是史上最大的兩扇貝，其大小推測可達1.5公尺以上。除了日本，在馬來西亞也出土了大量化石，推測牠們主要棲息於熱帶溫暖海洋的珊瑚礁中。雖然目前科學家仍然不確定鹿間貝為什麼會演化出這麼巨大的體型，但猜測可能跟當時牠們捕食的浮游生物大量增加有關。鹿間貝在成長過程中，其貝殼的尖端和部分邊緣會漸漸向外反折。

39

古生代	中生代	新生代
早三疊紀　中三疊紀　晚三疊紀	早侏羅紀　中侏羅紀　晚侏羅紀	早白堊紀　晚白堊紀

名稱　幻龍

學名　*Nothosaurus*

分類	爬行類	生存年代	約2億4,700萬年前～2億3,640萬年前
通稱	幻龍	化石產地	德國、中國等

生態

約3歲時成年，壽命至少有6年。

▼活體的想像圖
　體長約1～7公尺

▲幻龍 *N. jagisteus* 的化石（三疊紀／德國）
Photo by Ghedoghedo

海陸雙棲的爬行類

「幻龍」是海洋爬行類家族的一員，擁有細長的頭顱和鱷魚般的大嘴，口中有數排銳利的牙齒。科學家推測牠們生活在淺海，主要捕食魚類維生。幻龍的指間有蹼，相當擅長在水中游泳。此外，牠們會像鱷魚一樣把鼻子露出水面呼吸，同時棲息於水中和陸上。不過牠們的鼻子位置跟鱷魚不同，鱷魚的鼻子位於頭部前端，而幻龍的鼻子卻在眼睛附近。背後的原因仍不清楚。幻龍的化石最早發現於1834年的德國。

古生代			中生代				新生代	
早三疊紀	中三疊紀	**晚三疊紀**	**早侏羅紀**	中侏羅紀	晚侏羅紀	早白堊紀	晚白堊紀

名稱　魚龍

學名 *Ichthyosaurus*

分類	魚龍目	生存年代	約2億800萬年前～1億9,080萬年前
通稱	魚龍	化石產地	英國、比利時、德國等

▲魚龍的化石（三疊紀／英國）　Photo by kellydigstoo

生態　透過感知小型海洋生物引發的震動來進行狩獵。

▼活體的想像圖　體長約2公尺

靠優異的視力與聽力尋找獵物

「魚龍」是棲息於海中的爬行類，擁有一個獨立的類群。其外型酷似海豚，長有巨大的前鰭和後鰭，以及鯊魚般的尾鰭。魚龍還擁有巨大且敏銳的眼睛，推測其具有優異的視力。此外，牠們的聽力也很發達，能在水中感知獵物活動的聲響並展開襲擊。尖尖的嘴巴內排列著許多牙齒，可能是以魚類、烏賊、菊石等生物為食。另外，科學家從化石證據中發現魚龍不會下蛋，而是直接產下幼體。在歐洲和美國等地都有魚龍的化石出土，分布範圍很廣。

各式各樣的化石　海洋與水邊生物的化石

	古生代		中生代			新生代	
早三疊紀	中三疊紀	晚三疊紀	早侏羅紀	中侏羅紀	晚侏羅紀	早白堊紀	晚白堊紀

名稱　蛇頸龍

學名 *Plesiosaurus*

分類　蛇頸龍目　　　　生存年代　約1億9,000萬年前
通稱　蛇頸龍　　　　　化石產地　英國、德國、摩洛哥等

> 特徵是擁有長長的脖子、鰭狀的四肢，以及圓潤的軀體。

▲蛇頸龍的骨骼化石標本（侏羅紀前期／英國）

把四肢變成鰭，在大海遨遊的蛇頸龍

「蛇頸龍」是一種生活在中生代海洋，演化出巨大身形的爬行類。牠們是蛇頸龍目家族裡最早有化石出土的成員。特徵是小巧的頭顱、長長的脖子，以及圓潤的身軀。蛇頸龍的四肢演化成了鰭狀，可以自由地在水中遨遊。另外，在重現蛇頸龍泳姿的實驗中，科學家發現牠們主要使用前肢游泳。蛇頸龍的尾巴很短，只能稍微控制方向，對游泳沒有太大幫助。其口中有一排銳利的牙齒，長度跟鱷魚牙齒差不多，很適合捕捉獵物。還有，牠們的頸部雖然可以向下彎曲，卻很難向上抬起。

蛇頸龍跟哺乳類一樣是胎生？

有一種說法主張，以蛇頸龍屬為首的蛇頸龍目恐龍就跟哺乳類一樣，會直接產下幼體。1987年，科學家在挖到的雌性蛇頸龍化石腹內，發現了疑似約1.5公尺長的蛇頸龍幼獸骨骼。從母體的體型來看，這個大小對於卵生動物來說實在太大了，因此一般認為這應該是幼獸的骨頭。

◀ 活體的想像圖
體長約3.5公尺

各式各樣的化石　海洋與水邊生物的化石

名稱 穗別荒木龍

學名 *Elasmosauridae gen. et sp. indet.*

日本國內出土的第二例

這是一種生存於大約8,000萬年前，體長約8公尺的蛇頸龍。1975年，一名住在北海道穗別町（現在的鵡川町）的男性，在山中發現了一塊骨頭的化石。這個化石後來被判定是蛇頸龍的化石，並依據地名和發現者的名字命名為「穗別荒木龍」。雖然穗別町現已改名，但這頭蛇頸龍依然被當地人稱為「小穗」，並深受喜愛。

◀ 穗別荒木龍的全身復原模型
（白堊紀後期／日本）
〔鵡川町穗別博物館藏〕

43

古生代			**中生代**			新生代	
早三疊紀	中三疊紀	晚三疊紀	早侏羅紀	中侏羅紀	晚侏羅紀	早白堊紀	晚白堊紀

名稱　滑齒龍

學名　*Liopleurodon*

分類	蛇頸龍目	生存年代	約1億6,000萬年前
通稱	滑齒龍	化石產地	法國、英國、俄羅斯

▲滑齒龍的化石（侏羅紀／德國）〔德國蒂賓根大學古生物博物館〕
Photo by Ghedoghedo

◀牙齒化石
Photo by Ghedoghedo

生態　擁有鱷魚般的尖吻，靠4支巨大的鰭在海中遨遊。

▼活體的想像圖
體長約9～15公尺

靠氣味尋找獵物的海洋獵手

　　「滑齒龍」是棲息在侏羅紀海洋中的一種蛇頸龍，全長約9～15公尺。牠們擁有鱷魚般的尖吻，口中長著銳利的牙齒。滑齒龍雖然屬於蛇頸龍目，但脖子並不長，身軀兩邊長有4支類似船槳的鰭。研究者為了探究滑齒龍的游泳方式，曾打造一具外型特徵跟滑齒龍相似的機器人，結果發現雖然牠游得不快，但可以迅速轉換方向，而且瞬間就能達到最高游速。另外，滑齒龍似乎在水中也有敏銳的嗅覺，可以靠著氣味捕捉獵物。

古生代			中生代			新生代	
早三疊紀	中三疊紀	晚三疊紀	早侏羅紀	中侏羅紀	晚侏羅紀	早白堊紀	晚白堊紀

名　稱 恐鱷

學　名 *Deinosuchus*

分類　爬行類　　　生存年代　約8,200萬年前～7,300萬年前

通稱　恐鱷　　　　化石產地　美國

各式各樣的化石
海洋與水邊生物的化石

生態

棲息在河川內，會捕食到河邊喝水的動物。

▼活體的想像圖　體長約12公尺

▲恐鱷的復原骨骼化石〔美國猶他州自然歷史博物館〕　Photo by Daderot

連恐龍都吃，史上最大的鱷魚

「恐鱷」是史上最大的鱷魚，生活在白堊紀後期的北美洲。儘管外觀跟現代鱷魚非常相似，但推測其全長可達12公尺左右，體重則重達6～7公噸，相當巨大，特徵則是軀體很短，四肢很長。由於古生物學家曾在棲息於河川或湖泊等汽水域的草食恐龍和肉食恐龍「阿帕拉契龍」的骨頭化石上發現恐鱷的咬痕，故可推測恐鱷也會捕食恐龍。目前僅在北美洲找到恐鱷的頭部和部分體骨化石，其全長則是由頭骨的大小推測而出。

45

古生代			中生代			新生代	
早三疊紀	中三疊紀	晚三疊紀	早侏羅紀	中侏羅紀	晚侏羅紀	早白堊紀	晚白堊紀

名稱 滄龍

學名 *Mosasaurus*

分類	爬行類	生存年代	約7,400萬年前～6,600萬年前
通稱	滄龍	化石產地	荷蘭、俄羅斯、美國等

生態

特徵是長長的尾巴、鰭狀四肢、圓潤的軀體。

▲霍夫曼滄龍的化石（白堊紀後期／荷蘭）
〔荷蘭馬斯垂克自然歷史博物館〕
Photo by Ghedoghedo

▲活體的想像圖
體長約17公尺

稱霸白堊紀海洋的巨大爬行類

「滄龍」生活在海中，是爬行類家族的成員。牠們的特徵是擁有巨大的頭顱和細長的身軀，以及小巧的鰭狀四肢與長長的尾巴。滄龍的尾鰭適合左右擺動划水，因此也有學者認為牠們是跟蛇類相近的生物。其軀體呈桶型，頭部跟鱷魚一樣尖細。牙齒的截面是圓形，末端收尖，並向後彎曲，很適合咬住獵物。推測牠們主要以魚類、烏賊、菊石為食。另外科學家也在某些滄龍化石上發現疑似跟其他巨型生物戰鬥後留下的傷痕。在日本境內也有挖掘到滄龍的化石。

| 名稱 | 海王龍 |
| 學名 | *Tylosaurus* |

跟滄龍同屬的親戚

「海王龍」是住在海中的大型肉食爬行類。跟滄龍不同，海王龍下顎前方骨頭突出的部分沒有牙齒，牠似乎不會咀嚼，而是直接吞食魚類以及小型的滄龍等獵物。海王龍的脖子很短，頭部跟嘴巴相當巨大，下顎的可動範圍極廣，因此科學家推測牠們能像蛇類那樣將嘴巴張得很大。

◀ 全長13.1公尺的海王龍骨骼標本（白堊紀後期／美國堪薩斯州）〔加拿大化石探索中心藏〕
Photo by Loozrboy from Toronto

各式各樣的化石　海洋與水邊生物的化石

| 名稱 | 三笠海怪龍 |
| 學名 | *Taniwhasaurus mikasaensis* |

日本指定其化石為國家天然紀念物

這是1976年在北海道三笠市幾春別川上游發現，嵌在滾石中的頭部化石。最初科學家懷疑它是肉食性恐龍暴龍的化石，後來在2008年正式宣布這是一種新發現的滄龍。化石長約30公分，高22公分，寬18公分。

▲ 三笠海怪龍的頭部化石（白堊紀後期／日本）

▲ 三笠海怪龍的全身復原模型。體長約4～7公尺。上下兩者皆為〔三笠市博物館藏〕

47

古生代			中生代				新生代
早三疊紀	中三疊紀	晚三疊紀	早侏羅紀	中侏羅紀	晚侏羅紀	早白堊紀	**晚白堊紀**

名稱　副普若斯菊石

學名　*Parapuzosia*

分類	無脊椎動物	生存年代	約8,500萬年前
通稱	菊石	化石產地	德國、法國

生態

被認為是菊石中體型最大的種類，其貝殼直徑超過2公尺。

▲活體的想像圖
體長約2公尺（殼的直徑）
提供／ジュラ株式會社
https://www.kaseki7.com/

▲直徑2.59公尺的副普若斯菊石化石（白堊紀後期／德國）
〔德國明斯特自然歷史博物館〕

擁有史上最大貝殼的菊石

「副普若斯菊石」是一種殼徑達到2公尺的巨大菊石。在菊石家族中，某些成員擁有獨特的形狀，比如貝殼上的突起等等。再加上這些單一物種的生存期短暫但棲息範圍廣泛，因此牠們的化石通常是研究出土地層年代的良好線索。包含副普若斯菊石在內，菊石的殼中分成好幾個空室。縱向從中間切開，菊石的殼內被牆壁般的隔板分成好幾節。（→P25）剛出生的菊石空室很少，隨著貝殼在成長過程中變大後，空室才會逐漸增加。愈外側的空室形成時間愈晚。

古生代			中生代				新生代
早三疊紀	中三疊紀	晚三疊紀	早侏羅紀	中侏羅紀	晚侏羅紀	早白堊紀	**晚白堊紀**

名稱　古巨龜

學名　*Archelon*

分類	爬行類	生存年代	約8,077萬年前〜8,064萬年前
通稱	古巨龜	化石產地	美國

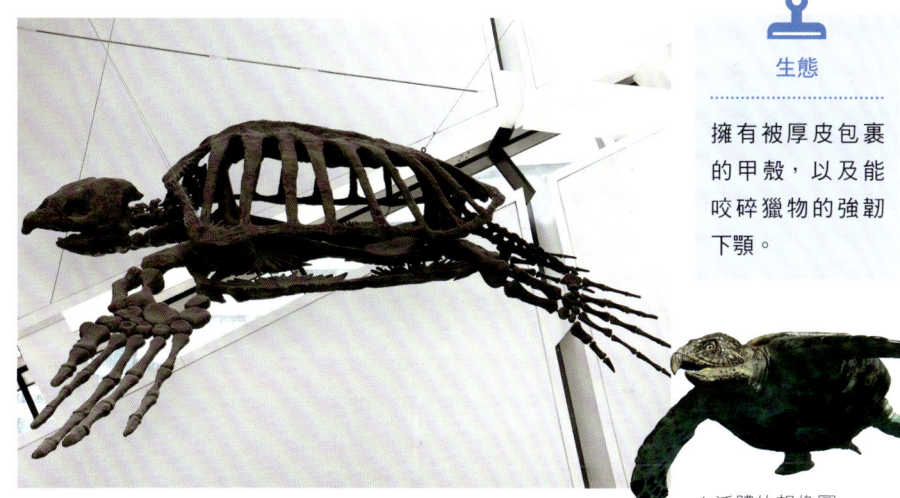

生態
擁有被厚皮包裹的甲殼，以及能咬碎獵物的強韌下顎。

▲古巨龜的化石（白堊紀後期／美國）

▲活體的想像圖
體長約4.5公尺

各式各樣的化石　海洋與水邊生物的化石

甲殼上裹著厚皮的巨大龜類

「古巨龜」是生活在白堊紀晚期的海龜，也是已知史上最大的海龜，全長4.5公尺，體重約在400公斤〜2噸之間。光頭骨就有80公分長。不同於現存絕大多數的龜鱉目動物，古巨龜的頭和四肢無法縮進殼裡。這導致牠們的化石大多缺手缺腳，推測是因為遭到滄龍捕食的緣故。古巨龜的喙尖很堅硬，多數學者認為牠們應該主要以菊石為食。此外，跟現存的海龜一樣，牠們也會吃海藻和水母之類的食物。目前僅在北美的南達可他州和科羅拉多州發現古巨龜的化石。

49

古生代		中生代		新生代		
古新世	始新世	漸新世	**中新世**	上新世	更新世

名稱 梅氏利維坦鯨

學名 *Livyatan melvillei*

分類 哺乳類　　　　　生存年代 約1,300萬年前～1,200萬年前

通稱 利維坦鯨　　　　化石產地 秘魯

▲利維坦鯨的頭骨化石（新生代 中新世／秘魯）
〔秘魯利馬自然歷史博物館〕
Photo by Ghedoghedo

▲利維坦鯨的頭骨模型
〔義大利比薩大學自然歷史博物館〕
Photo by Ghedoghedo

◀活體的想像圖　體長約13.5～17.5公尺

生態　上顎也有牙齒。顎部約3公尺長，口內長有超過30公分的巨大牙齒。

新生代的巨大肉食鯨類

「梅氏利維坦鯨」是新生代的海洋支配者，全長約13.5～17.5公尺，跟同時期的「巨齒擬噬人鯊」（→P51）一起立於生態系的頂點。其化石出土於秘魯沙漠中的岩石。已發現的牙齒長度超過30公分，直徑寬達10公分。頭骨長度也有約3公尺。儘管這種鯨的外觀跟現代的抹香鯨極為類似，但推測兩者生態相差甚遠。因為抹香鯨的上顎沒有牙齒，主要以吸食的方式捕食烏賊。而一般認為利維坦鯨跟現代的虎鯨一樣，是利用牙齒捕獵其他動物。

古生代	中生代	新生代				
古新世	始新世	漸新世	**中新世**	上新世	更新世

名稱　巨齒擬噬人鯊

學名　*Carcharocles megalodon*

分類	魚類	生存年代	約2,300萬年前～260萬年前
通稱	巨齒鯊	化石產地	全世界的海洋

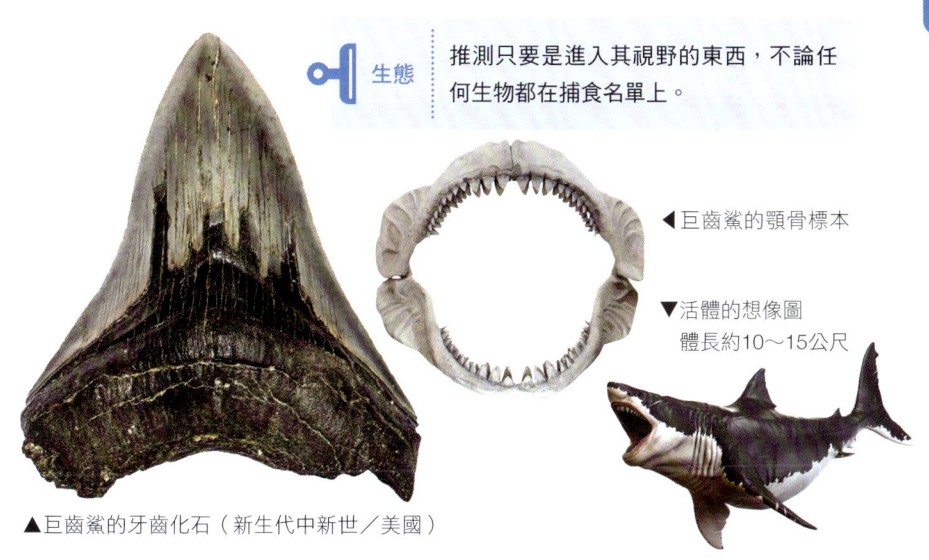

生態：推測只要是進入其視野的東西，不論任何生物都在捕食名單上。

◀ 巨齒鯊的顎骨標本

▼ 活體的想像圖　體長約10～15公尺

▲ 巨齒鯊的牙齒化石（新生代中新世／美國）

棲息在新生代海洋中的巨大鯊魚

各式各樣的化石　海洋與水邊生物的化石

在「巨齒鯊」生活的時代，海洋比今天還更溫暖。日文俗名稱其為「遠古大白鯊」，學名的正式翻譯則是「巨齒擬噬人鯊」，但一般直接俗稱「巨齒鯊」。巨齒鯊屬於鯊魚家族，全長約在10～15公尺之間，但也有人認為可達20公尺。由於目前尚未發現全身的化石，只能從牙齒大小來推測其全長，因此確切的數值不得而知。巨齒鯊的口中長著超過10公分的鋸齒狀牙齒，並利用這些牙齒撕咬獵物，是肉食性動物。同時代的鯨魚化石上經常發現疑似巨齒鯊牙齒的咬痕。

51

古生代		中生代		新生代	
古新世	**始新世**	漸新世	中新世	上新世	更新世

名稱　巴基鯨

學名　*Pakicetus*

分類　哺乳類　　　　　生存年代　約5,500萬年前～5,000萬年前

通稱　巴基鯨　　　　　化石產地　巴基斯坦

▲巴基鯨的復原化石（新生代始新世／巴基斯坦）
〔美國洛杉磯自然歷史博物館藏〕　Photo by rinaflies

生態

上下排牙齒可以完美咬合，在陸地和水中都能活動。

▲活體的想像圖
體長約2公尺

以四足行走的鯨魚祖先

「巴基鯨」是一種以四足行走的動物，被認為是現代鯨魚的祖先。但牠們的外觀比起鯨魚更像是野狼。巴基鯨的全長約2公尺，體重推測約150公斤。古生物學家認為牠們大多數時間生活在水邊和陸地上，腳上有蹄，可能會潛入水中尋找魚類等獵物。科學家還懷疑牠們的腳趾之間有蹼。巴基鯨的上下排牙齒可以完美咬合，能夠牢牢咬住魚類，避免獵物逃走。由於牠們的耳骨形狀跟現代鯨魚相近，因此即使在水中應該也能清楚聽見聲音。

古生代	中生代	新生代
古新世	始新世	漸新世	中新世	上新世	更新世

名稱　陸行鯨

學名　*Ambulocetus*

分類	哺乳類	生存年代	約4,780萬年前～4,130萬年前
通稱	陸行鯨	化石產地	巴基斯坦

生態

在陸地上時，跟鱷魚一樣用四足行走；在水中時，則像鯨魚一樣游泳。

▲陸行鯨的頭骨化石（新生代始新世／巴基斯坦）〔加拿大國家自然博物館藏〕　Photo by NamikaOrcas

▼活體的想像圖
體長約3公尺

各式各樣的化石　海洋與水邊生物的化石

回歸大海的原始哺乳類

陸行鯨生活在4,780萬～4,130萬年前的巴基斯坦一帶，是原始鯨類家族的一員。牠們的學名「*Ambulocetus*」意思為「會游泳走路的鯨魚」，是棲息在淡水和海中的早期鯨類，能在陸地上行走也能在水中游泳，過著半水棲的生活。陸行鯨是一種強而有力的掠食動物，有著鱷魚般的頭蓋骨，非常堅固，可承受跟作為獵物的大型哺乳動物的戰鬥。眼睛則位於頭部上方，推測會像鱷魚一樣從水面露出眼睛，突襲水邊的獵物。科學家之所以能確認其為鯨類，是因為牠們與現代鯨魚一樣，具有耳骨厚實的特徵。

53

專欄 2　從化石發現演化的分歧點

生命的歷史就是新生物出現和滅絕的循環。在地球漫長的歷史中，生物隨著環境變化演化出各種形態。而化石就是解開生物演化之謎的線索。本單元將介紹馬的演化歷程。

馬類在這 5,400 萬年間的演化

遠古馬類原本住在森林中，後來移居到草原，主要以禾本科草類為食。在禾本科植物的葉子中含有一種質地跟玻璃一樣堅硬，肉眼看不見的微小顆粒，咀嚼這種植物會導致牙齒慢慢磨損。所以馬類的牙齒演化得又長又堅韌。

名稱 始祖馬
學名 *Hyracotherium*

▶約 5,400 萬年前
始祖馬的想像圖
（新生代始新世／美國）

▲始祖馬的骨骼複製品
〔美國自然史博物館藏〕
Photo by Jeff Kubina

始祖馬生活在大約 5,400 萬年前，是現代馬的祖先。牠們住在森林裡，主食是樹葉等柔軟的植物。始祖馬的前腳有 4 根腳趾，後腳則有 3 根。體型跟現代的小型犬差不多。有些書會把牠們畫成像兔子、狗或狐狸那樣般的生物。

名稱 **草原古馬**

學名 *Merychippus*

第一種從以樹葉為主食的葉食性，進化成以草為主食的草食性的馬。生活在沒有隱蔽物的草原上，所以為了能夠快速逃離敵人，前腳演化成3根腳趾，其中的中趾特別長，兩側的腳趾則比較短。草原古馬的高度約90公分，體型跟綿羊差不多。

▲2,300萬年前草原古馬的復原圖
（新生代中新世／美國出土）
Photo by Shin Tamura

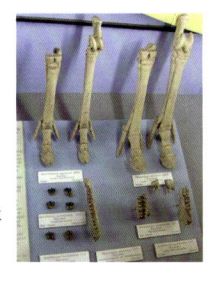

草原古馬的腳▶
Photo by FunkMonk

▼約200萬年前 *Equus scotti* 的想像圖新
（生代更新世／美國出土）〔美國圖勒泉化石床國家紀念地藏〕

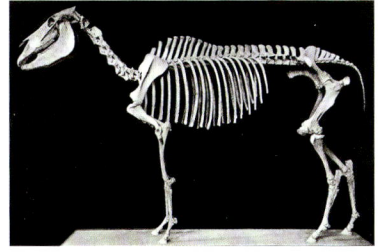

▲早期現代馬的骨骼
〔美國自然史博物館藏〕

名稱 **現代馬**

學名 *Equus*

現代馬屬的早期成員約在200萬年前出現，當時的外觀已經非常接近現在的馬，成為最早具備所有「馬」特徵的動物。時至今日，馬的前後腳都演化成只剩1根長長的腳趾，更適合快速奔跑。同時體型變大，腦部也更發達。

55

古生代				中生代	新生代
寒武紀	奧陶紀	志留紀	泥盆紀	石炭紀	**二疊紀**

名稱　盾甲龍

學名　*Scutosaurus*

分類　爬行類　　　　生存年代　約2億9,900萬年前～2億5,200萬年前

通稱　盾甲龍　　　　化石產地　俄羅斯

▲盾甲龍的復原骨骼〔美國自然史博物館藏〕
Photo by Ryan Somma

生態

鎧甲般的身體不是為了戰鬥，而是為了防身發展而成。

▲活體的想像圖
體長約2公尺

前恐龍時代的主角們

　　爬行類出現在古生代的最後一個時代——二疊紀。其中「盾甲龍」是二疊紀的爬行類裡，特別大型的代表性物種。當時身形最大的盾甲龍全長可達約2公尺。古生物學家認為盾甲龍擁有表面長滿棘刺的甲冑狀皮膚，且體型十分粗壯。從牙齒形狀可以推測出牠們主要以水邊的植物為食。由於當時地球上只有一塊大陸，因此盾甲龍得以靠著步行的方式不斷擴大棲息範圍。從俄羅斯到南非、中國以及巴西，皆有牠們的化石出土。

古生代			中生代				新生代
早三疊紀	中三疊紀	**晚三疊紀**	早侏羅紀	中侏羅紀	晚侏羅紀	早白堊紀	晚白堊紀

名 稱 三尖齒獸

學 名 *Adelobasileus cromptoni*

分類	哺乳類	生存年代	約2億5,000萬年前
通稱	三尖齒獸	化石產地	美國

生態

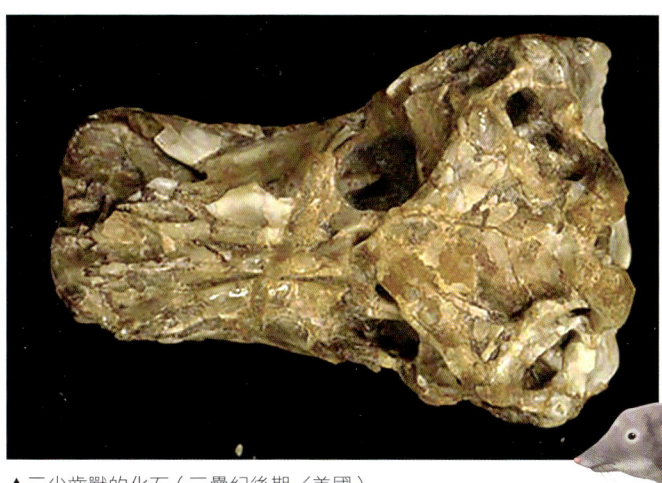

推測這種動物為夜行性，主要以昆蟲為食。

▼活體的想像圖
　體長約10～15公分

▲三尖齒獸的化石（三疊紀後期／美國）
〔美國新墨西哥自然歷史與科學博物館藏〕

各式各樣的化石　陸地生物的化石

已發現最古老的哺乳類

「三尖齒獸」生活在中生代，是目前已知最古老的哺乳類。Adelobasileus是拉丁文「不起眼的國王」之意，牠們會於入夜後躲藏在森林的落葉底下捕食昆蟲。在美國發現的化石只有頭顱後側，長度約1.5公分，推測其頭骨全長大概只有3公分。牠們的外觀類似現代的鼩鼱，被視為哺乳類祖先，但似乎是卵生動物。不過，由於牠們身上也具有很多哺乳類出現之前生物的特徵，因此也有人認為三尖齒獸嚴格來說不能算是哺乳類。

57

古生代			中生代		新生代
寒武紀	奧陶紀	志留紀	泥盆紀	石炭紀	**二疊紀**

名稱 冠鱷獸

學名 *Estemmenosuchus*

分類 單孔亞綱　　**生存年代** 約2億6,700萬年前

通稱 冠鱷獸　　　**化石產地** 俄羅斯

生態

長有5根像角一樣的瘤，擁有排汗能力。

▲冠鱷獸的頭骨化石（二疊紀／俄羅斯）〔美國亞利桑那自然史博物館藏〕

▲活體的想像圖　體長約3公尺

臉上滿是瘤的古生物

「*Estemmenosuchus*」即是拉丁文「帶著頭冠的鱷魚」之意，因為其臉頰和頭頂左右各有1根像王冠的瘤，鼻子上還有1根，一共有5根隆起的瘤。冠鱷獸是一種近似哺乳類的動物，全長約3公尺。牠們主要棲息在水邊，主食推測是柔軟的植物；但另一方面，因為牠們的牙齒比較尖，所以也有人認為牠們是肉食性。不過，冠鱷獸的動作遲緩，捕捉獵物應該是很費力。冠鱷獸的化石有皮膚殘留，在研究過這個皮膚後，科學家發現牠們擁有排汗的能力。

古生代					中生代		新生代
寒武紀	奧陶紀	志留紀	泥盆紀	石炭紀	二疊紀		

名稱 異齒龍

學名 *Dimetrodon*

分類　單孔亞綱	生存年代　約2億9,500萬年前～2億7,200萬年前
通稱　異齒龍	化石產地　美國、歐洲

生態
背上長有巨大的背帆，口中有2種牙齒，推測其靠捕食小動物為生。

▲異齒龍的骨骼展示（二疊紀／俄羅斯）
〔加拿大皇家蒂勒爾博物館藏〕　Photo by scwlc

◀活體的想像圖
體長約3公尺

各式各樣的化石　陸地生物的化石

能控制體溫的古生物

「異齒龍」是哺乳類的祖先，但本身屬於爬行類家族，是這個時代陸地上最大型的肉食動物。牠們的背上長有非常巨大的背帆，推測具有調節體溫的作用。背帆在陽光照射下能加熱血液，然後血液再從背帆流向全身，提高身體的溫度；當體溫太高時，背帆又能透過風吹散熱降溫。在異齒龍生活的年代，地球整體的氣候嚴寒，因此要保持體溫相當困難。而多虧有了背帆，異齒龍或許可以比其他生物更快提高體溫。

古生代			中生代				新生代	
早三疊紀	中三疊紀	**晚三疊紀**	早侏羅紀	中侏羅紀	晚侏羅紀	早白堊紀	晚白堊紀

名稱　鏈鱷

學名　*Desmatosuchus*

| 分類 | 主龍類 | 生存年代 | 約2億3,000萬年前 |
| 通稱 | 鏈鱷 | 化石產地 | 美國 |

▶ 鏈鱷的全身骨骼（三疊紀後期／美國）〔美國亞利桑那州化石森林國家公園藏〕 Photo by Frank Kovalchek

生態　植食性。身體包覆著長有犄角的甲板，尾巴和腹部也有甲板覆蓋。

◀ 活體的想像圖
體長約4.5～5公尺

不是恐龍，外貌有如重型坦克的生物

「鏈鱷」的外觀與鱷魚相似，看起來十分凶猛，但實際上卻是植食性動物，主要生活在森林中，以蕨類植物為食。牠們的背部兩側各有1排犄角，推測是用來抵禦外敵，位於肩膀上方的最大犄角約有45公分長。鏈鱷的四肢相對較短，背部、尾巴、腹部下方等身體許多部位都包覆著骨質的甲板。與身體相比，牠們的頭部顯得很小，只有40公分出頭。而且頭部尖端還長著像鱉一樣的尖鼻子，別具特色。

古生代	中生代	新生代
早三疊紀 | 中三疊紀 | **晚三疊紀** | 早侏羅紀 | 中侏羅紀 | 晚侏羅紀 | 早白堊紀 | 晚白堊紀

名稱　始盜龍

學名　*Eoraptor*

分類　龍盤目	生存年代　約2億3,140萬年前
通稱　始盜龍	化石產地　阿根廷

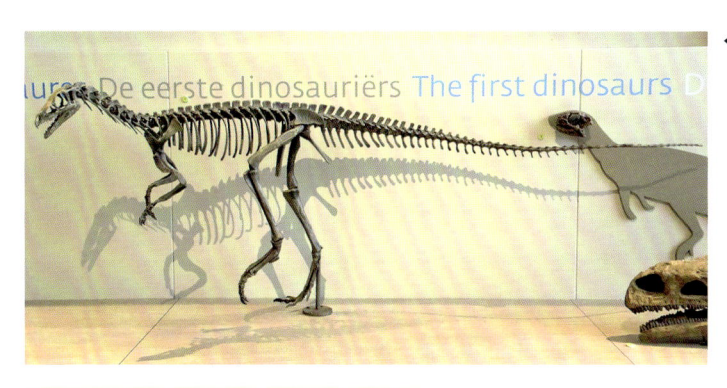

◀ 始盜龍的全身骨骼（三疊紀後期／阿根廷）
Photo by MWAK

生態　身形輕盈，奔跑速度非常快，跟之前存在的爬行類完全無法相提並論。

◀ 活體的想像圖
體長約1.5公尺

各式各樣的化石　陸地生物的化石

什麼都吃，最古老的恐龍之一

「始盜龍」據信是恐龍家族中年代最古老的一員。牠們的身體很小，從頭部到尾端只有1.5公尺左右。體重約10公斤，身高大約只有成年男性的一半。始盜龍的脖子細長，口中長有很多牙齒。牠們同時具有肉食和草食動物的特徵，推測是以昆蟲和植物為食。始盜龍有5根腳趾，前肢則有4根銳利的爪子。後腳很長，在追逐昆蟲等獵物時應該跑得很快。學名*Eoraptor*在拉丁文中是「黎明的小偷」之意。「黎明」意指牠們是恐龍的始祖。

61

古生代		中生代		新生代
早三疊紀　中三疊紀　晚三疊紀	**早侏羅紀**	中侏羅紀　晚侏羅紀	早白堊紀　晚白堊紀

名稱　三疊中國龍

學名 *Sinosaurus triassicus*

分類	獸腳亞目	生存年代	約2億100萬年前～1億9,000萬年前
通稱	三疊中國龍	化石產地	中國

▲三疊中國龍的復原骨骼（侏羅紀前期／中國）〔義大利特倫托MUSE自然科學博物館藏〕 Photo by Ghedoghedo

活體的想像圖　體長約5公尺▶

生態　由於牠們的下顎狹窄，因此很難確認其主要食物來源是什麼。

頭頂的2個頭冠是用來威嚇敵人？

　　三疊中國龍生活在侏羅紀前期的中國，特徵是頭上長著2個「雞冠」。這種恐龍的全長約5公尺，前肢很短，靠修長的後足站立行走。頭冠的形狀有如一個裂成兩半並直立豎起的盤子。有一說認為這個頭冠不是攻擊武器，而是用於威嚇敵人。牠們的牙齒比其他肉食恐龍細得多，可能無法咬住大型獵物，故推測主要以小動物或動物死屍為食。三疊中國龍最初被認為屬於北美洲的「雙冠龍」一族，但經過研究後，如今被單獨分出來自成一家。

中生代

古生代 | 中生代 | 新生代

早三疊紀 | 中三疊紀 | 晚三疊紀 | 早侏羅紀 | **中侏羅紀** | 晚侏羅紀 | 早白堊紀 | 晚白堊紀

名 稱 斑龍

學 名 *Megalosaurus*

分類 獸腳亞目　　**生存年代** 約1億6,700萬年前～1億6,400萬年前
通稱 斑龍　　　　**化石產地** 英國

生態
牠們以雙足步行，頭部有一個強力的下顎並長著鋸齒狀的牙齒。

▲斑龍的下顎化石（侏羅紀中期／英國）
〔英國牛津大學自然史博物館藏〕
Photo by Ghedoghedo

▼活體的想像圖
　體長約8.5公尺

各式各樣的化石　陸地生物的化石

世界第一個被命名的肉食恐龍

　　肉食恐龍「斑龍」生活在中生代的侏羅紀，棲息地遍布歐洲、北美、亞洲等地，非常廣泛。牠是世界上第一種被命名的恐龍，命名者是一位英國地質學家。其拉丁文學名的意思是「巨大的蜥蜴」。之所以被稱為蜥蜴，乃因為當時還沒有恐龍這個分類，生物學家以為那些化石都是巨大的爬行類。斑龍的體重推測約為1公噸。牠們以雙足步行，後腳有4根腳趾，前肢則有3根手指，手腳趾都長有鉤爪，推測牠們會利用這些鉤爪和銳利的牙齒獵捕草食動物。

63

古生代			中生代			新生代	
早三疊紀	中三疊紀	晚三疊紀	早侏羅紀	中侏羅紀	**晚侏羅紀**	早白堊紀	晚白堊紀

名稱：腕龍

學名：*Brachiosaurus*

分類	蜥腳亞目	生存年代	約1億5,560萬年前～1億4,550萬年前
通稱	腕龍	化石產地	美國

生態
前腳比後腳長，軀幹也比其他蜥腳亞目恐龍略長。

◀活體的想像圖
體長約22公尺

▲腕龍的骨骼標本（侏羅紀後期／美國）
Photo by Peter E

擁有長脖子和長前肢的草食恐龍

「腕龍」是一種以巨大身軀聞名的恐龍。人類首次發現牠的化石已是一百多年前。Brachio是拉丁文的「手臂」之意，因為腕龍的前腳比後腳長。牠們的另一個特徵是頭頂有一塊隆起。這種恐龍的身高達11公尺，相當於3層樓的建築物。體重推測可能在40～70噸之間。曾有一說認為腕龍的骨骼無法支撐其沉重的身體，所以牠們主要居住在水中，但現在這個學說已被推翻。如今古生物學家推測牠們會利用龐大的身軀和長長的脖子食用高大樹木的枝葉。

古生代			中生代			新生代	
早三疊紀	中三疊紀	晚三疊紀	早侏羅紀	中侏羅紀	**晚侏羅紀**	早白堊紀	晚白堊紀

名稱　梁龍

學名　*Diplodocus*

分類	蜥腳亞目	生存年代	約1億5,200萬年前
通稱	梁龍	化石產地	美國

生態

脖子和尾巴很長，尾部末端據推測能像鞭子一樣甩動，用以抵禦敵人。

▼活體的想像圖
體長約20～30公尺

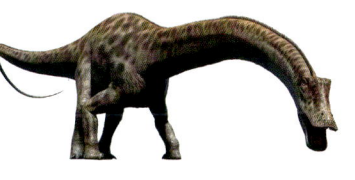

▲梁龍的骨骼化石標本（侏羅紀後期／美國）
〔德國柏林自然博物館藏〕　Photo by Alexander Husing

各式各樣的化石　陸地生物的化石

尾巴像鞭子一樣的巨大草食恐龍

「梁龍」是在美國發現的草食恐龍，身體全長約20～30公尺，體重約20～30噸，體型是非洲象的3～4倍大。梁龍的尾巴極為細長，推測牠們會像揮動鞭子般甩動這條尾巴來抵禦肉食恐龍的攻擊。已發現的化石顯示，牠們的尾巴附近長有棘刺，但目前尚不清楚背部是否也同樣有棘。梁龍的下顎長有梳子狀的細長牙齒，適合咀嚼植物。另外，梁龍可能是群居性動物。雖然牠們的體型龐大，但科學家發現其腦部只有一個拳頭的大小。

古生代			中生代			新生代	
早三疊紀	中三疊紀	晚三疊紀	早侏羅紀	中侏羅紀	晚侏羅紀	早白堊紀	晚白堊紀

名稱　劍龍

學名 *Stegosaurus*

分類	劍龍科	生存年代	約1億5,500萬年前
通稱	劍龍	化石產地	美國、葡萄牙

生態

背上有2排骨板，可利用陽光加熱血液來調節體溫。

▲劍龍的骨骼標本（侏羅紀後期／美國）〔英國蘇格蘭國立博物館藏〕

▲活體的想像圖 體長約7公尺

背上有骨板，尾巴有棘刺的恐龍

「劍龍」是一種背上長有骨板，尾尖長有巨刺的恐龍。牠們的全長約7公尺，以四足步行，且屬於群居性。劍龍最大的特徵是背上2排交互排列的骨板，每塊的大小約50公分。骨板內有血管，可以利用陽光加熱血液，調節體溫。同時，也有人認為劍龍會使用骨板來威嚇敵人。科學家判斷劍龍被肉食恐龍盯上時，會揮動長有4根硬刺的尾巴來趕走敵人。有一說認為劍龍的咬合力比現代的犬類還弱，因此牠們的主食可能是低矮的蕨類植物。

身體很大，頭顱和腦容量卻很小

「劍龍」所擁有的小腦袋令人印象深刻。牠們的下顎細長，牙齒偏小且不發達，因此推測牠們是一種以啃食低矮蕨類植物維生的草食動物。不僅是腦袋小而已，據研究發現牠們的腦容量也很小，只有一粒核桃那麼大。跟體重相近的現代象相比之下，劍龍的腦容量也只有大象的10分之1左右。

▲頭蓋骨的模型。跟身體相比，頭顱顯得很嬌小　Photo by Daderot

各式各樣的化石　陸地生物的化石

名稱：**釘狀龍**

學名：*Kentrosaurus*

背上和尾巴都長了刺

「釘狀龍」也同樣是屬於劍龍科的生物，牠和劍龍有很多的共同點，但體型比起劍龍要小得多，只有4公尺左右。同時，劍龍背部的突起部分是呈現板狀，然而釘狀龍則是呈現犄角狀。

▲釘狀龍的骨骼模型（晚侏羅紀／坦尚尼亞）〔德國柏林自然博物館藏〕

生態：嘴巴的形狀類似鳥喙，牙齒很少，推測是以低矮的植物為食。

◀活體的想像圖

67

古生代			中生代				新生代
早三疊紀	中三疊紀	晚三疊紀	早侏羅紀	中侏羅紀	**晚侏羅紀**	早白堊紀	晚白堊紀

名稱：異特龍

學名：*Allosaurus fragilis*

分類	獸腳亞目	生存年代	約1億5,000萬年前～1億4,700萬年前
通稱	異特龍	化石產地	美國

▲異特龍的骨骼（侏羅紀後期／美國）
Photo by Eden, Janine and Jim

生態

根據連續的足跡計算，其奔跑速度可達時速30公里。

活體的想像圖　體長約9公尺▲

會用刀子般的牙齒襲擊獵物的恐龍

「異特龍」是生活在侏羅紀後期的中大型肉食恐龍。相對於牠們的體型大小，其體重較為輕盈，因此推測牠們的行動應該相當敏捷。此外，異特龍的頭顱也又小又輕，左右眼的上方長有瘤狀突起。牠們平時會攻擊並獵捕草食恐龍。跟其他恐龍相比，異特龍的嘴巴可以張得非常大，很適合捕食比自己更大的恐龍。其前肢長有鉤爪，科學家認為牠們會用鉤爪壓住獵物，再以銳利的牙齒撕開獵物的肉。在糧食不足的時候，牠們可能會吃自己的同類。

古生代			中生代			新生代	
早三疊紀	中三疊紀	晚三疊紀	早侏羅紀	中侏羅紀	晚侏羅紀	**早白堊紀**	晚白堊紀

名稱　中華龍鳥

學名　*Sinosauropteryx*

分類	獸腳亞目	生存年代	約1億2,400萬年前～1億2,200萬年前
通稱	中華龍鳥	化石產地	中國

各式各樣的化石　陸地生物的化石

生態
推測牠們的羽毛不是用來飛行，而是用來維持體溫。

▲中華龍鳥的骨骼化石
（白堊紀前期／中國）
Photo by Mixed Realities LTD

活體的想像圖
體長約1公尺▶

為新假說提供證據的有羽恐龍

「中華龍鳥」全長約1公尺，是首個被發現保留有「羽毛痕跡」的恐龍化石。牠們的牙齒呈現鋸齒狀，會捕食蜥蜴等動物。跟其他獸腳亞目恐龍相比，中華龍鳥的尾巴很長，可能是為了保持行走時的平衡。因為長有羽毛，故曾有人推測牠們是鳥類，但經過研究後，古生物學家發現牠們擁有鳥類沒有的發達指骨，以及具有獸腳亞目特徵的牙齒，因此確定牠們是恐龍。同時，已知牠們的背部到尾部長有橘紅色羽毛，且尾巴上有條狀紋路。

古生代			中生代			新生代	
早三疊紀	中三疊紀	晚三疊紀	早侏羅紀	中侏羅紀	晚侏羅紀	早白堊紀	晚白堊紀

名稱 加斯頓龍

學名 *Gastonia*

分類 裝甲類　　　**生存年代** 約1億2,600萬年前

通稱 加斯頓龍　　**化石產地** 美國

▲加斯頓龍的復原骨骼（白堊紀前期／美國）
〔美國猶他州自然歷史博物館藏〕　Photo by Etemenanki3

生態

背部上方和側面長有巨大的棘刺，推測是用來威嚇和抵禦敵人。

▼活體的想像圖
　體長約4～6公尺

會用背上的棘刺擊退敵人的甲龍

「加斯頓龍」是生活在白堊紀前期北美洲的草食恐龍。全長約4～6公尺，體重推測約1,900公斤。牠們的下顎排列著密密麻麻的小牙齒，特徵是脖子到肩膀長有明顯巨大的尖刺，屬於甲龍家族的一員。加斯頓龍的手腳很短，會用四足緩慢行走。為了不要讓敵人輕易咬住自己，這些尖刺具有重要的作用。牠們的體型類似結節龍，頭部卻近似甲龍，兼具新舊物種的特徵。「加斯頓龍」這個屬名來自其發現者──美國的古生物學家羅伯特・加斯頓。

古生代			中生代			新生代	
早三疊紀	中三疊紀	晚三疊紀	早侏羅紀	中侏羅紀	晚侏羅紀	**早白堊紀**	晚白堊紀

名稱 禽龍

學名 *Iguanodon*

分類 鳥腳亞目　　**生存年代** 約1億2,600萬年前～1億1,300萬年前
通稱 禽龍　　　　**化石產地** 比利時、英國、德國等

各式各樣的化石　陸地生物的化石

生態

這種恐龍的口中排列著數百顆牙齒，可以有效率地磨碎植物。

▼活體的想像圖
體長約9公尺

▲禽龍的骨骼（白堊紀前期／英國）
〔英國恐龍島博物館〕　Photo by N.Cayla

世界上第二個被命名的恐龍

「禽龍」是活躍在白堊紀前期的草食恐龍。牠們擁有像馬一樣細長的頭，以及適合啃食植物的嘴喙。同時，禽龍的另一大特徵是拇指長著尖銳的爪子。牠們的手腳很長，幼年時是以雙足行走，成年後才改為四足行走。前肢的小指關節方向跟其他手指不同，能用前肢抓取物體。在歐洲有大量的禽龍化石出土，推測牠們平常是一大群生活在一起。已知其主要棲息地為河岸或湖畔。另外，禽龍是繼「斑龍」（→P63）之後，世界上第二種被命名的恐龍。

71

古生代			中生代			新生代	
早三疊紀	中三疊紀	晚三疊紀	早侏羅紀	中侏羅紀	晚侏羅紀	早白堊紀	晚白堊紀

名稱 恐爪龍

學名 *Deinonychus*

分類 獸腳亞目　　**生存年代** 約1億1,500萬年前～1億800萬年前

通稱 恐爪龍　　　**化石產地** 美國

◀ 恐爪龍的全身骨骼（白堊紀前期／美國）
Photo by Jonathan Chen

▼ 活體的想像圖 體長約3公尺

生態 腳爪中只有食趾的爪子特別大，可以上下旋轉。

學名的含義是「恐怖的鉤爪」

「恐爪龍」是一種擁有細長後足的肉食恐龍。牠們的後腳有4根腳趾，食趾上長著巨大尖銳的鉤爪。這根鉤爪在走路時會向上抬起，攻擊獵物時才向下旋轉。恐爪龍的腦容量在恐龍中算是比較大的，根據推測，牠們擁有很高的智力，平時可能會與同伴成群行動。另外，牠們的腳程迅速，能以時速40公里的速度奔跑，同時用尾巴保持身體平衡。恐爪龍的身體上有羽毛，推測是用來調節體溫和孵蛋。

| 古生代 | 中生代 | 新生代 |

| 早三疊紀 | 中三疊紀 | 晚三疊紀 | 早侏羅紀 | 中侏羅紀 | 晚侏羅紀 | 早白堊紀 | **晚白堊紀** |

名稱 日本龍

學名 *Nipponosaurus sachalinensis*

分類 鳥腳亞目　　**生存年代** 約8,630萬年前～8,400萬年前

通稱 日本龍　　**化石產地** 俄羅斯

生態

擁有多顆牙齒組合而成的「齒組（Dental battery）」構造。

▲日本龍的標本（白堊紀後期／俄羅斯）
〔日本國立科學博物館藏〕　Photo by Kabacchi

活體的想像圖▲
體長約4公尺（幼獸的大小）

各式各樣的化石　陸地生物的化石

首種由日本人命名的恐龍

「日本龍」在分類上屬於鴨嘴龍科，是一種草食恐龍。其化石是於1934年在當時屬於日本領土的俄羅斯薩哈林州的川上煤礦中出土，科學家成功收集到全身約60％的骨頭，這也是日本首次著手研究的恐龍化石。出土的是一頭幼獸的骨頭化石，全長約4公尺，推測其成年後體型會更大。鴨嘴龍科的一大特徵在於口中的幾百顆牙齒緊密連成一體，進食時則利用上下排牙齒將植物磨碎。推測日本龍可能過著群居生活，幼體會與成年個體共同生活。

中生代

古生代 | 中生代 | 新生代
早三疊紀 | 中三疊紀 | 晚三疊紀 | 早侏羅紀 | 中侏羅紀 | 晚侏羅紀 | 早白堊紀 | **晚白堊紀**

名稱 暴龍

學名 *Tyrannosaurus rex*

分類 獸腳亞目　　**生存年代** 約6,800萬年前～6,600萬年前

通稱 暴龍　　　　**化石產地** 美國

▲ 暴龍的全身骨骼（白堊紀後期／美國）
〔美國卡內基自然史博物館藏〕 Photo by ScottRobertAnselmo

生態

雖然能確定是肉食性，但詳細的生態仍不明朗。

▲ 活體的想像圖
體長約13公尺

最凶暴的巨型肉食恐龍

「暴龍」全長13公尺，高6公尺，重7噸。牠們光是頭部就有1.5公尺，而且還用長達15公分的銳利牙齒武裝自己。暴龍的頭顱非常巨大，特徵是強而有力的下顎和粗且尖銳的牙齒，可以輕易撕開獵物，連骨頭一起咬碎吞下。跟後腳相比，暴龍的手臂十分短小，而且只有2根手指。牠們的奔跑速度並不算快，推測約為時速30公里，因此牠們可能是利用偷襲或團體狩獵的方式來捕獵。暴龍的壽命最長約30年，13～17歲期間的成長速度很快。目前已發現數十具個體的化石。

強而有力且發達的牙齒

肉食恐龍的牙齒大多像是尖銳的牛排刀，呈現鋸齒狀。因為這種形狀有助於切開肌肉。暴龍也不例外，牠們演化出了可以深深咬入肌肉底下的骨頭，同時非常適合撕開肌肉的牙齒。而且牠們還擁有能夠啃碎骨頭的強韌下顎。據信，恐龍在一生中可以不斷長出新的牙齒。

◀ 暴龍的頭蓋骨

暴龍的身體有羽毛覆蓋？

在剛進入2000年代時，古生物學家發現了早期暴龍祖先身上長有羽毛的證據。科學家認為這些羽毛主要是用來維持體溫。由於大型恐龍的身體不容易冷卻，照理說應該不需要羽毛保暖，然而在幼年階段體型尚小的時期，就可能有這個需求。推測暴龍在成年後，羽毛會漸漸脫落。

長有羽毛的暴龍想像圖 ▶

各式各樣的化石　陸地生物的化石

古生代			中生代				新生代
早三疊紀	中三疊紀	晚三疊紀	早侏羅紀	中侏羅紀	晚侏羅紀	早白堊紀	**晚白堊紀**

名稱　厚頭龍

學名 *Pachycephalosaurus*

分類	厚頭龍科	生存年代	約6,600萬年前
通稱	厚頭龍	化石產地	美國

生態

推測其頭上的隆起也用於同類之間的警告和威嚇。

▲厚頭龍的頭骨化石「AMNH 1696」
〔美國自然史博物館藏〕　Photo by Eden, Janine and Jim

▲活體的想像圖
　體長約3～5公尺

頭顱又厚又堅硬的草食恐龍

「厚頭龍」是一種全長約5公尺的草食恐龍。牠們的特徵是頭頂有明顯的隆起，因此拉丁文學名也有「腦袋很厚的蜥蜴」之意。厚頭龍的頭骨呈圓頂狀，骨頭最厚的部分約有25公分，非常堅硬。頭顱的後方到鼻尖長有尖刺，推測這些尖刺和特殊的頭骨結構都是用來抵禦肉食恐龍。牠們的嘴巴是喙狀，靠啄食植物維生。厚頭龍的軀幹相當結實，根據推測，牠們會在奔跑時用長長的尾巴保持平衡。

古生代			中生代				新生代
早三疊紀	中三疊紀	晚三疊紀	早侏羅紀	中侏羅紀	晚侏羅紀	早白堊紀	**晚白堊紀**

名稱　棘龍

學名 *Spinosaurus*

分類	獸腳亞目	生存年代	約9,700萬年前
通稱	棘龍	化石產地	埃及

生態

推測棘龍以四足步行，並可以利用尾巴自由地在水中游泳。

▲棘龍的復原骨骼　Photo by Kabacchi

活體的想像圖▶
體長約15公尺

各式各樣的化石／陸地生物的化石

背上有帆的大型魚食恐龍

「棘龍」是生活在非洲大陸的恐龍，學名的拉丁文為「有棘的蜥蜴」之意。棘龍全長約15公尺，以四足行走。牠們的特徵是背部長有巨大的帆，由骨頭和覆蓋在上面的皮膚與肌肉組成，最大高度可達1.6公尺。棘龍的身體結構適合在水中生活，鼻孔位於頭部上方，方便浮出水面呼吸。同時牠們的骨密度很高，有助於在水中控制浮力。棘龍的嘴巴前端跟鱷魚一樣尖尖的，適合捕捉魚類。也有學者認為棘龍比起陸地更適應水中的生活。

77

古生代			中生代				新生代
早三疊紀	中三疊紀	晚三疊紀	早侏羅紀	中侏羅紀	晚侏羅紀	早白堊紀	**晚白堊紀**

名稱　三角龍

學名　*Triceratops*

分類	角龍科	生存年代	約6,750萬年前～6,600萬年前
通稱	三角龍	化石產地	美國

生態
使用前腳的拇趾、食趾，以及中趾支撐身體。

▲三角龍的化石「NSM-PV 20379」〔日本國立科學博物館藏〕
Photo by Momotarou2012

▲活體的想像圖
體長約9公尺

擁有厚硬頭部的草食恐龍

　　相較其他的身體部位，「三角龍」的頭部極為顯眼，因為牠們的頭骨寬達1.2～1.5公尺，而且上面還長著3根美麗的犄角，以及像盾牌一樣的骨板。三角龍的鼻子上有1根較短的犄角，眼睛上方則長著2根較長的犄角。根據推測，牠們的頭盾可用於威嚇及防禦暴龍等肉食恐龍的攻擊。同時，牠們的嘴巴呈喙狀，口中長有約100顆整齊的牙齒。三角龍的體型相當大，即便遇到肉食恐龍也能將其擊退。牠們的學名意思是「長有三支角的臉」。

如頸飾般的頭盾有何用途？

以三角龍為首的角龍科恐龍，共同的特徵便是擁有包覆著頸部的頭盾。這個頭盾可以長到1公尺寬。在已發現的三角龍化石中，有些頭盾上殘留著被暴龍（→P74）咬傷的痕跡。古生物學家將這些痕跡視為三角龍遭暴龍攻擊後成功逃脫的證據。另外，這些頭盾可能也有吸引異性的作用。

▲三角龍的頭骨化石

各式各樣的化石　陸地生物的化石

名稱：**五角龍**
學名：*Pentaceratops*

擁有5根犄角和頭盾的恐龍

「五角龍」除了眼睛上方長有2根犄角，嘴巴上有1根較短的犄角之外，其他地方還長了2根犄角。牠們是四足步行的草食恐龍，體長約6～8公尺。五角龍擁有角龍科中最大的頭盾，從腳底到頭盾頂端的高度可達3公尺。

▼活體的想像圖

生態

推測牠們會用嘴喙啄食腳邊的植物。

▲五角龍的頭骨化石（白堊紀後期／美國）
〔美國新墨西哥自然歷史與科學博物館藏〕　Photo by Lee Ruk

古生代			中生代		新生代	
古新世	始新世	漸新世	中新世	上新世		更新世

名稱　大地懶

學名　*Megatherium*

分類	哺乳類	生存年代	約500萬年前～1萬年前
通稱	大地懶	化石產地	南美洲

▲大地懶的全身骨骼〔法國巴黎國立自然史博物館藏〕
Photo by Jonathan Thiell

生態

用後腳站立時的高度超過5公尺，比大象更高。體重約4～6噸，跟大象差不多。

◀活體的想像圖 體長約5～6公尺

住在地面的巨型地懶

地懶是一種行動遲緩的哺乳類，而在地懶家族的歷史中，體型最巨大的成員便是「大地懶」。其化石最早於1788年在阿根廷發現。牠們的體長約5～6公尺，是棕熊的3倍大。而現代的地懶最大也只有60公分左右，相較之下，大地懶的體型是其10倍，也難怪被稱為「大地懶」。牠們主要生活在森林中，手上長有又粗又長的爪子，推測牠們會用這些爪子攀折樹枝或挖掘地面，輕鬆吃到樹上的葉子和土裡的樹根。大地懶口中的牙齒同樣又粗又長，適合磨碎植物。

古生代	中生代	**新生代**
古新世 / 始新世 / 漸新世	中新世 / 上新世	**更新世**

名稱　真猛獁象

學名　*Mammuthus primigenius*

分類　哺乳類
生存年代　約260萬年前～數千年前
通稱　真猛獁象
化石產地　歐亞大陸等

各式各樣的化石　陸地生物的化石

生態
擁有2根彎曲的巨大長牙，全身覆蓋著又長又粗的毛。

▲真猛獁象的全身骨骼化石（更新世／西伯利亞）
〔奧地利維也納自然史博物館藏〕　Photo by Monika Durickova

▲活體的想像圖
體長約5～6公尺

擁有巨大長牙和濃密長毛的象族成員

　　猛獁象有很多種類，其中分布範圍最廣、數量最多的便是「真猛獁象」。牠們的特徵是全身覆蓋著又粗又長的毛。體型較大者全長可超過6公尺，身高可超過3公尺。比現存的非洲象略小一點。真猛獁象的另一特徵是向內彎曲的巨大牙齒，雄性的象牙很長，約有2.5公尺。牠們生活在寒冷的地區，為了避免體溫逸散，耳朵的面積很小。真猛獁象平時以各種植物枝葉為食。人類曾與牠們生活在同一時期，因此有學者認為牠們是遭人類獵捕殆盡才滅絕。

古生代			中生代		新生代	
古新世	始新世	漸新世	中新世	上新世	**更新世**

名稱　劍齒虎

學名　*Smilodon*

分類	哺乳類	生存年代	約180萬年前～1萬年前
通稱	劍齒虎	化石產地	巴西、美國、阿根廷等

生態

推測牠們會用前腳壓住獵物，再將犬齒刺入其體內，切斷較粗的血管。

▲劍齒虎的骨骼化石〔日本國立科學博物館藏〕

▲活體的想像圖
體長約2～2.5公尺

會用長而尖銳的犬齒狩獵

「劍齒虎」生活在南北美洲大陸，別稱「刃齒虎」。之所以有這樣的名字，是因為牠們的犬齒很長。劍齒虎是以四足步行，身高約1公尺，最大的特徵是如同刀子般的長長犬齒，其長度可超過15公分，就算合上嘴時也會明顯地露在外面。因此在咬噬獵物時，牠們的嘴巴必須張得非常大，並以下顎往上收的方式咬合。這對犬齒雖然極為尖銳，但強度不足以咬碎或咬穿骨頭，似乎主要是用來襲擊獵物，具有很強的壓制力。

古生代	中生代	新生代
古新世	始新世	漸新世	中新世	上新世	**更新世**

名 稱	**巨猿**
學 名	*Gigantopithecus*

分類	哺乳類	生存年代	約78萬年前～12萬年前
通稱	巨猿	化石產地	中國、印度、越南

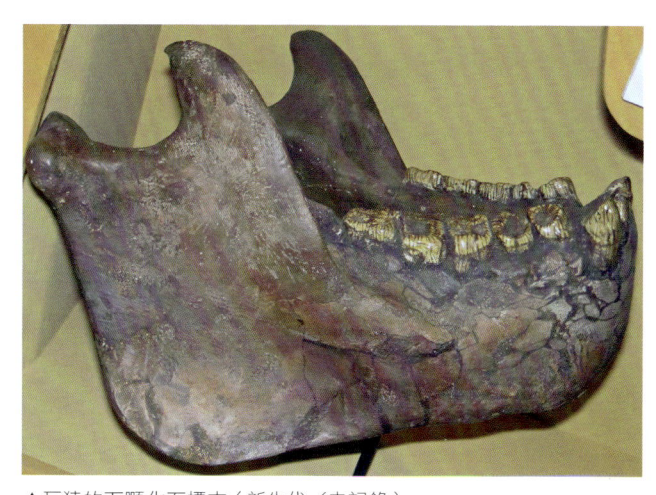

生態

用四足行走，推測以竹子和果實等為食，為植食性動物。

▲巨猿的下顎化石標本（新生代／未記錄）
〔美國克里夫蘭自然歷史博物館〕 Photo by James St. John

▲活體的想像圖
體長約2～3公尺？
Photo by Concavenator

各式各樣的化石　陸地生物的化石

因為長太大而滅絕的類人猿

「巨猿」的體型非常龐大，推測是靈長類史上最大的生物。但目前已發現的化石只有牙齒和下顎等部分，是一種充滿謎團的類人猿。根據這些化石的巨大尺寸推測，巨猿的身高約3公尺，體重約500公斤，是成年大猩猩的2倍。另一方面，也有學者認為牠們只是下顎特別大，身高只有2公尺左右，並以四足行走，步行姿勢則類似大猩猩。科學家推測巨猿是因為棲息的森林數量減少，光靠竹子和果實等食物不足以維持其龐大身軀所需的熱量而滅絕。

古生代			中生代		新生代	
寒武紀	奧陶紀	志留紀	泥盆紀	石炭紀	二疊紀

名稱 巨脈蜻蜓

學名 *Meganeura*

分類　無脊椎動物　　生存年代　約3億年前

通稱　巨脈蜻蜓　　　化石產地　法國、英國

生態

會用巨大的翅膀，像滑翔機一樣一口氣飛到目標地。

▲巨脈蜻蜓的化石標本（古生代石炭紀／法國）
Photo by Didier Descouens

活體的想像圖▶
體長約70公分

體長超過70公分！太古時代的巨大蜻蜓

　　生活在石炭紀末期的「巨脈蜻蜓」是一種古代的蜻蜓。牠們翅膀張開的幅度可達約70公分，即便是水薑階段也有30公分，可說是整個昆蟲歷史中體型最大者。牠們似乎無法像現代蜻蜓那樣在空中懸停，而是有如滑翔翼般一口氣滑翔到目標地。巨脈蜻蜓的尾尖有刺，有學者認為這個刺是用於交配。牠們的主食似乎是其他昆蟲和早期的爬行類。至於巨脈蜻蜓為什麼會演化得如此巨大，推測可能與當時地球大氣中氧氣濃度高達約35％有關。

古生代	中生代	新生代
早三疊紀 | 中三疊紀 | 晚三疊紀	早侏羅紀 | 中侏羅紀 | **晚侏羅紀**	早白堊紀 | 晚白堊紀

名稱▶喙嘴翼龍

學名 *Rhamphorhynchus*

分類	翼龍目	生存年代	約1億6,400萬年前～1億5,400萬年前
通稱	喙嘴翼龍	化石產地	德國

生態
擁有長長的尾巴，推測牠們是夜行性的魚食性動物。

▼活體的想像圖
體長約1.2公尺
翼展約1.8公尺

▲喙嘴翼龍的化石標本（侏羅紀後期／德國）
〔美國休士頓自然史博物館藏〕 Photo by Didier Descouens

特徵是長尾巴的翼龍一族

「喙嘴翼龍」是生活在三疊紀末期到侏羅紀期間的翼龍。牠們的體型即便張開雙翼也不到2公尺，在翼龍家族中屬於比較小的種類。這種翼龍擁有長長的尾巴，尾巴末端有一片特徵性的菱形尾翼。牠們有著細長的喙狀口器，上下顎內各長著一排朝向前方的針狀牙齒。

根據推測，這種獨特的嘴形構造有利於牠們捕食魚類和小型蝦類。喙嘴翼龍的化石與始祖鳥（→P86）以及獸腳亞目的美頜龍出現在同一地層。

各式各樣的化石　飛行生物的化石

古生代			中生代			新生代	
早三疊紀	中三疊紀	晚三疊紀	早侏羅紀	中侏羅紀	**晚侏羅紀**	早白堊紀	晚白堊紀

名稱 始祖鳥

學名 *Archaeopteryx*

分類 近鳥類　　**生存年代** 約1億4,700萬年前

通稱 始祖鳥　　**化石產地** 德國

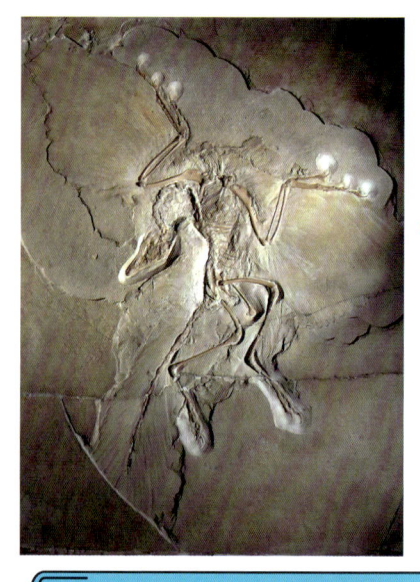

◀始祖鳥的骨骼化石
〔德國柏林自然博物館藏〕
Photo by H. Raab

生態 一說認為牠們生活在樹上，也有一說認為牠們生活在地上。

活體的想像圖▶
體長約45公分

是鳥還是恐龍？同時擁有翅膀和牙齒的「始祖鳥」

「始祖鳥」是地球史上最古老的鳥類之一，同時具有恐龍和鳥類的特徵。近年的研究認為，始祖鳥雖然是最初期的鳥類，但並非現代鳥類的直接祖先。牠們的全長約45公分，體重約500公克。雖然有翅膀，但胸肌力量很弱，可能不擅長飛行。與現代鳥類不同，牠們的翅膀上長有3根手指，如恐龍般擁有長長的尾巴，且嘴裡長有牙齒。古生物學家推測牠們是肉食性，以昆蟲等小動物為食。另外，已知牠們的羽毛有一部分呈黑色。

其實不該稱作「始祖鳥」？

　　始祖鳥擁有一對長著羽毛的翅膀，所以曾被分類在鳥綱，但現今科學界多視其為「只差一點就演化成鳥類的恐龍」。由於已在比始祖鳥更古老的地層中發現特徵更接近鳥類的其他物種，所以古生物學家已不再把始祖鳥視為鳥類的直接祖先，而是「與鳥類祖先有親戚關係的恐龍」。

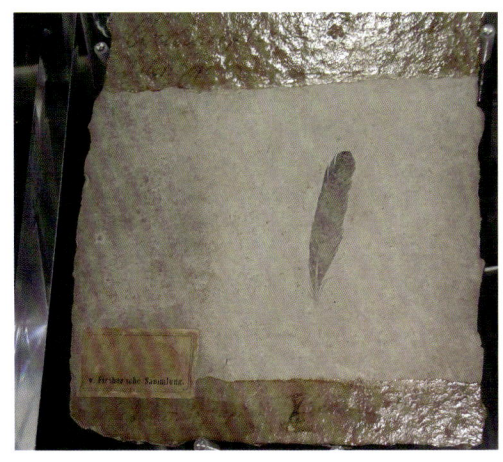

▲始祖鳥的羽毛化石。1861年在索爾恩霍芬（德國）的石灰岩中發現〔德國柏林自然博物館藏〕
Photo by Notafly

發現有羽恐龍後得知的事

　　1860年左右發現始祖鳥的化石之後，科學界便懷疑恐龍和鳥類存在血緣關係。而直到1996年，一具帶有羽毛的恐龍化石在中國出土後，這兩者的關係才終於得以確認。科學家深入調查這具化石後，發現了跟現代鳥類相同的翅膀構造。目前科學界推測這些長有羽毛的恐龍的前肢在演化過程中變成了翅膀，最終成為在天空飛行的鳥類。

▲首次發現羽毛痕跡的中國鳥龍化石〔美國自然史博物館藏〕
Photo by Dinoguy2

古生代			中生代			新生代	
早三疊紀	中三疊紀	晚三疊紀	早侏羅紀	中侏羅紀	晚侏羅紀	早白堊紀	晚白堊紀

名稱 南翼龍

學名 *Pterodaustro*

分類 翼龍目　　**生存年代** 約1億500萬年前

通稱 南翼龍　　**化石產地** 阿根廷

生態

長長的下顎內長有針狀的牙齒，用來過濾浮游生物為食。

▲南翼龍的化石標本（白堊紀前期／阿根廷）〔阿根廷科學博物館藏〕 Photo by Gadfium

▲活體的想像圖
體長約2.5公尺
（翼展長度）

吃浮游生物的翼龍

　　1970年發現的「南翼龍」是一種嘴喙形狀奇特的翼龍。牠們的腦袋只有20公分大，獨具特徵的嘴喙中長有超過1000顆又長又軟的牙齒。科學家推測牠們會使用這個嘴喙在淺海汲水，並利用口中柔軟的牙齒過濾海水以留下水中的浮游生物，然後用上顎的小牙齒咬碎吃掉。另外，也有一說認為南翼龍是以小魚為食。2004年，人們在阿根廷發現了從幼獸到成獸等各個成長階段的南翼龍和翼龍蛋化石。

古生代			中生代			新生代	
早三疊紀	中三疊紀	晚三疊紀	早侏羅紀	中侏羅紀	晚侏羅紀	早白堊紀	**晚白堊紀**

名稱 風神翼龍

學名 *Quetzalcoatlus*

分類 翼龍目　　　　**生存年代** 約7,000萬年前～6,800萬年前

通稱 風神翼龍　　　**化石產地** 美國

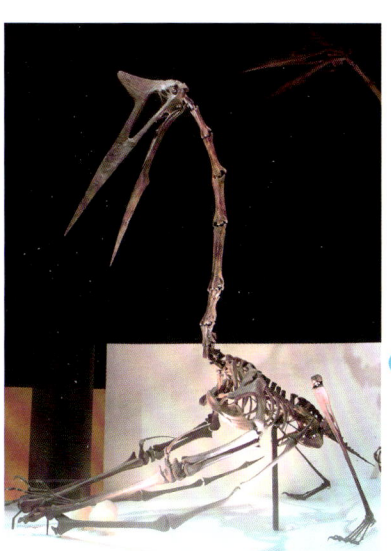

◀ 風神翼龍的復原骨骼（白堊紀後期／美國）
〔美國休士頓自然科學博物館藏〕

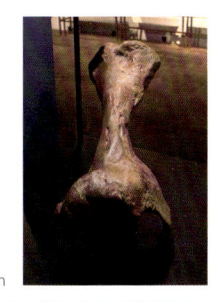

上腕骨的化石 ▶
Photo by Tim Evanson

生態 根據足跡化石推測，風神翼龍在地面時可能是以四足步行。

◀ 活體的想像圖
體長約 10 ～ 15.5 公尺（翼展長度）

史上最大的翼龍

「風神翼龍」的翼展長度可超過10公尺，是史上最大型的翼龍。由於身軀巨大，科學家認為風神翼龍並不擅長振翅飛行，主要是像滑翔機那樣固定張開翅膀，乘著上升氣流一邊迴旋一邊飛到高空，再以滑行的方式長距離移動。推測風神翼龍站立時的頭頂高度約6公尺，足以跟長頸鹿比肩。牠們擁有一個筆直延伸的長嘴喙，裡面完全沒有牙齒。雖然還不確定牠們具體都吃哪些生物，但有說法認為牠們可能是以魚類或動物的死屍為食。

各式各樣的化石　飛行生物的化石

古生代			中生代			新生代	
早三疊紀	中三疊紀	晚三疊紀	早侏羅紀	中侏羅紀	晚侏羅紀	早白堊紀	晚白堊紀

名稱　無齒翼龍

學名 *Pteranodon*

分類	翼龍目	生存年代	約8,600萬年前～8,300萬年前
通稱	無齒翼龍	化石產地	美國

◀無齒翼龍的全身骨骼（白堊紀後期／美國）
〔美國自然史博物館藏〕 Photo by Matt Martyniuk

生態　長長的嘴喙內完全沒有牙齒，可能是用吞食的方式吃掉魚類。

▲活體的想像圖
體長約7公尺
（翼展長度）

從天空俯衝而下的巨大翼龍

「無齒翼龍」的翼展長度約7公尺，是一種擁有巨大翅膀的翼龍。牠們的頭部非常大，特徵是頂著一個長長的頭冠。根據推測，無齒翼龍可以時速50公里的速度飛行。其長長的嘴喙裡完全沒有牙齒，一般認為牠們會從空中急速俯衝或浮在水面上捕捉水裡的魚，因為科學家在牠們的胃部化石中找到了魚類的化石。包含無齒翼龍在內的所有翼龍，骨頭都是中空的。因此牠們雖然擅長飛行，卻拙於走路。牠們的化石主要在美國被發現。

著陸時是四足步行

無齒翼龍展開翅膀時，長度可達7公尺。雖然牠們擁有如此巨大的身軀，但為了方便在空中飛行，體重很可能相當輕，根據推測大約只有15～25公斤。科學家曾發現無齒翼龍在地面行走的足跡化石，這顯示牠們是以四足步行，且行走時前腳為3根腳趾著地，後腳則是整個平貼在地上。

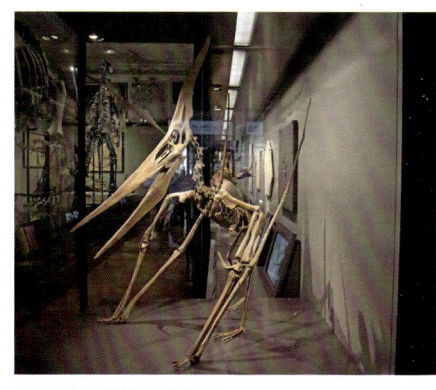

▲四足步行的骨骼標本 Photo by stevesheriw

各式各樣的化石　飛行生物的化石

名稱 夜翼龍

學名 *Nyctosaurus*

擁有長「頭冠」的翼龍

「夜翼龍」是生活在白堊紀後期的美國堪薩斯州海岸上空的翼龍。牠們的特徵是頭上長著一塊高高突起的「頭冠」。這個頭冠的長度足足有其頭骨的3倍。在恐龍時代繁榮壯大的翼龍一族，在恐龍滅絕後也隨之消失了。

▲夜翼龍的骨骼化石標本
〔卡內基自然史博物館藏〕
Photo by User:Piotrus

活體的想像圖▶
體長約2.4～3.5公尺
（翼展長度）

專欄 發現的化石歸誰所有？

登山健行時，你也許會在路邊發現樣貌珍奇、看似石頭的物體。假如你發現的是化石，那麼這個化石究竟歸誰所有呢？有些地方需要取得許可才能挖掘化石。基本上所有挖掘活動都需要獲得土地所有人的同意。在日本如果你想採集化石的話，建議向當地的自然史博物館詢問詳細資訊。從學術角度來說，不推薦找到化石後直接挖出來帶走。確實留下紀錄非常重要。萬一找到的化石屬於重大發現，基本上必須確保能與專家一起再回到現場勘驗。那麼，化石的所有權，究竟屬於發現者，還是該土地的所有者，抑或是挖掘活動的出資者呢？以恐龍化石來說，在某些地方被視為文化財產。但例如在美國等國家，從私人土地挖出的化石歸該土地所有人擁有。雖然不同的恐龍研究者和調查隊的觀點各不相同，但通常都不會直接將挖出的化石帶走。也有學者主張恐龍化石基本上屬於文化財產，應歸屬於化石出土地的鄉村或城鎮所有。

◀福井龍的全身骨骼
〔福井縣立恐龍博物館藏〕
Photo by Titomaurer

▲活體的想像圖　體長約5公尺

第3章

什麼是恐龍？

曾活躍於約1億6,000萬年前的生物

恐龍大量出現之前的時代

恐龍生活在「中生代」。一般認為，地球誕生於46億年前。從地球誕生到大約5億4,100萬年前的時代俗稱「前寒武紀時代」。在這段期間，生物先從只有單一細胞的「單細胞生物」演化出多細胞生物，然後變化出各種各樣的形態。在約5億4,100萬年前進入古生代後，生物的種類爆發性地增長。這場事件俗稱「寒武紀大爆發」。隨後，首先是植物從海中登陸，原本生活在海洋中的生物也演化出可以適應地表環境的姿態、爬上陸地。然而，地球的生命也經歷過多次大滅絕。比如約2億5,217萬年前的二疊紀末期，便曾發生一次生物大量滅絕的事件。這場大滅絕過後，菊石和兩扇貝等成功活下來的生物數量顯著增加並加速演化。爬行類開始崛起，某些鱷類演化出直立行走的能力，站上陸地生態系的頂點；魚龍和蛇頸龍等爬行類則進軍大海，同時也出現了擁有飛行能力的爬行類——翼龍。爬行類適應了陸海空3種空間，迎來全盛時期。這個時代可以稱為「爬行類的時代」。然後到了三疊紀後期，「恐龍」首次在爬行類家族中崛起。隨後恐龍繁榮發展，迎來「恐龍時代」。

▲活體的想像圖
體長約6～7公尺

◀冰冠龍的頭蓋骨模型
（侏羅紀前期／南極）
〔雪梨澳洲博物館藏〕
Photo by Matt Martyniuk

溫暖的中生代地球

在中生代之中，最古老的時代是三疊紀。在三疊紀初期，地球的整體溫度急速暖化，連極地都沒有冰層，一年四季都很溫暖。當時全球的陸地聚攏在一起，形成一塊名為「盤古大陸」的巨大陸塊（超級大陸），並且陸地上出現大片如沙漠之類的乾燥地帶。由於環境變得乾燥，爬行類和哺乳類的祖先開始在陸地上擴展勢力。「盤古大陸」的面積在三疊紀中期至後期這段時間達到頂點。進入侏羅紀後，「盤古大陸」分成了北方的「勞亞大陸」和南方的「岡瓦那大陸」，而在它們的中間出現了一塊名為「特提斯洋」的海洋。此時地球的整體氣候變得潮濕溫暖，蕨類和蘇鐵等植物因此大量繁殖。大陸分成南北兩邊後，恐龍無法再於2塊大陸間自由移動。而北方恐龍和南方恐龍演化上的差異，也成為大陸發生分離的證據之一。進入白堊紀後，大陸繼續移動，分裂成更小塊的大陸，變成接近現代大陸的形狀。此時期地球的海底火山活動變得活躍，導致空氣中的二氧化碳濃度增加，使氣溫在約9,300萬年前達到頂峰。科學家推測當時地球的整體溫度比現在高出10～15℃。

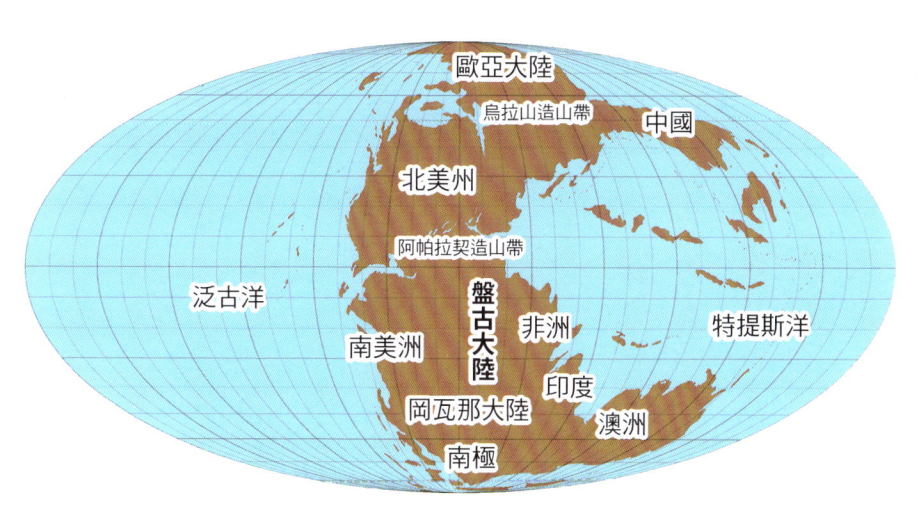

什麼是恐龍？

▲約2億2,000萬年前的盤古大陸（三疊紀後期）

恐龍生活的時代是什麼樣子？

約在2億5,200萬年前，地球進入了「中生代」。這個時代持續超過1億8,000萬年，由「三疊紀」、「侏羅紀」、「白堊紀」3個紀所構成。恐龍在這個時代極為繁盛，迎來我們常說的「恐龍時代」。恐龍主要分為龍盤目（蜥臀目）和鳥盤目（鳥臀目），屬於爬行類的一支，從一個共同的祖先演化出各個不同的種類。三疊紀是鱷魚一族的鼎盛期，當時恐龍的祖先種類很少，也沒有什麼大體型的物種。直到三疊紀末期，鱷魚家族的成員減少，倖存下來的恐龍在進入侏羅紀後種類逐漸增加，並且體型也開始變大。在侏羅紀到白堊紀的大約1億4,000萬年間，恐龍在陸地上欣欣向榮。之後，大約在6,600萬年前，恐龍在短時間內幾乎完全滅絕。然而，牠們並未完全消失，在演化過程中從恐龍家族分支出來的「鳥類」，直到今日依然存在。恐龍的體型從超過30公尺的大型物種，到只有幾十公分的小型物種都有。同時，在恐龍稱霸陸地的時期，由於地球上所有大陸都連在一起，恐龍的勢力得以擴張到陸地上的每個角落。就連現代的南極都曾經發現過恐龍的骨頭。

恐龍在大約2億年前（三疊紀末期）到6,600萬年前（白堊紀末期）這段期間曾經欣欣向榮

中生代的日本

在中生代中期，日本海尚未出現，而在古生代末期造山運動中形成的日本陸地，當時仍是歐亞大陸的一部分。

今日的日本在當時位於歐亞大陸的東側邊緣與海底。地球的海底存在著海洋板塊，海洋板塊是由俗稱中洋脊的海底火山群噴出的岩漿所構成，每年會移動數公分的距離，隱沒到大陸板塊底下。在大陸的邊緣，沉積在海底之浮游生物的殼和火山灰、砂層、泥層會不斷受到擠壓，而這種被大陸擠壓形成的地層稱為增生楔。日本列島幾乎都是由這種增生楔所組成。最終，在距今2,500萬年前左右，在火山活動的作用下，大陸的邊緣跟本土分離，形成了日本海。因此日本各地都分布著中生代的地層，但規模占比很小，且又分成在海底沉積形成的海成層，以及在陸地積累的陸成層。這些地層中含有特別多菊石的化石，以及兩扇貝類、螺貝、珊瑚、海百合等生物的遺跡。此外也有發現爬行類的化石。

什麼是恐龍？

中生代 ⟶ 新生代前半 ⟶ 現代

恐龍是爬行類的一員

恐龍可粗分為骨盆像鳥類的鳥盤目，以及骨盆像蜥蜴的龍盤目兩類。鳥盤目的成員包含鴨嘴龍所屬的鳥腳亞目、三角龍所屬的頭飾龍類、甲龍所屬的裝甲類等等。另一方面，獸腳亞目（包含異特龍等）中的虛骨龍類（包含暴龍等）被認為是從龍盤類演化而來。至於蛇頸龍、魚龍、滄龍、翼龍其實不是恐龍，而是獨立的爬行類分支，各自在中生代的海洋和天空發展出了自己的演化史。（→P104）

恐龍的分類

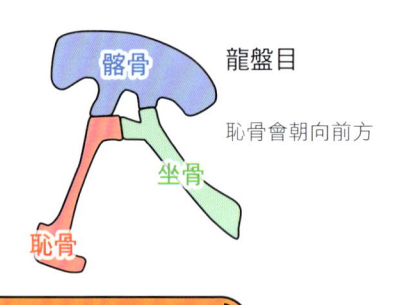

龍盤目
恥骨會朝向前方
（髂骨、恥骨、坐骨）

鳥盤目
恥骨會朝向後方
（髂骨、恥骨、坐骨）

恐龍的特徵

恐龍的雙腳是從軀幹往下長出，主要靠雙腳支撐身體的重量。同時，相較其他的爬行類，恐龍可以用更快的速度奔跑。而現代爬行類的四肢都是從軀幹的側面長出。除此之外，恐龍還有腳踝關節比現代爬行類更能彎曲等特徵。

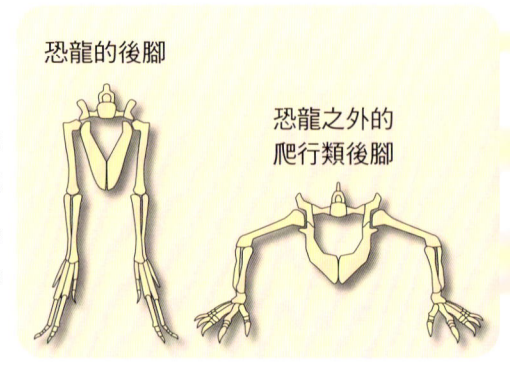

恐龍的後腳

恐龍之外的爬行類後腳

恐龍與爬行類的演化關係圖

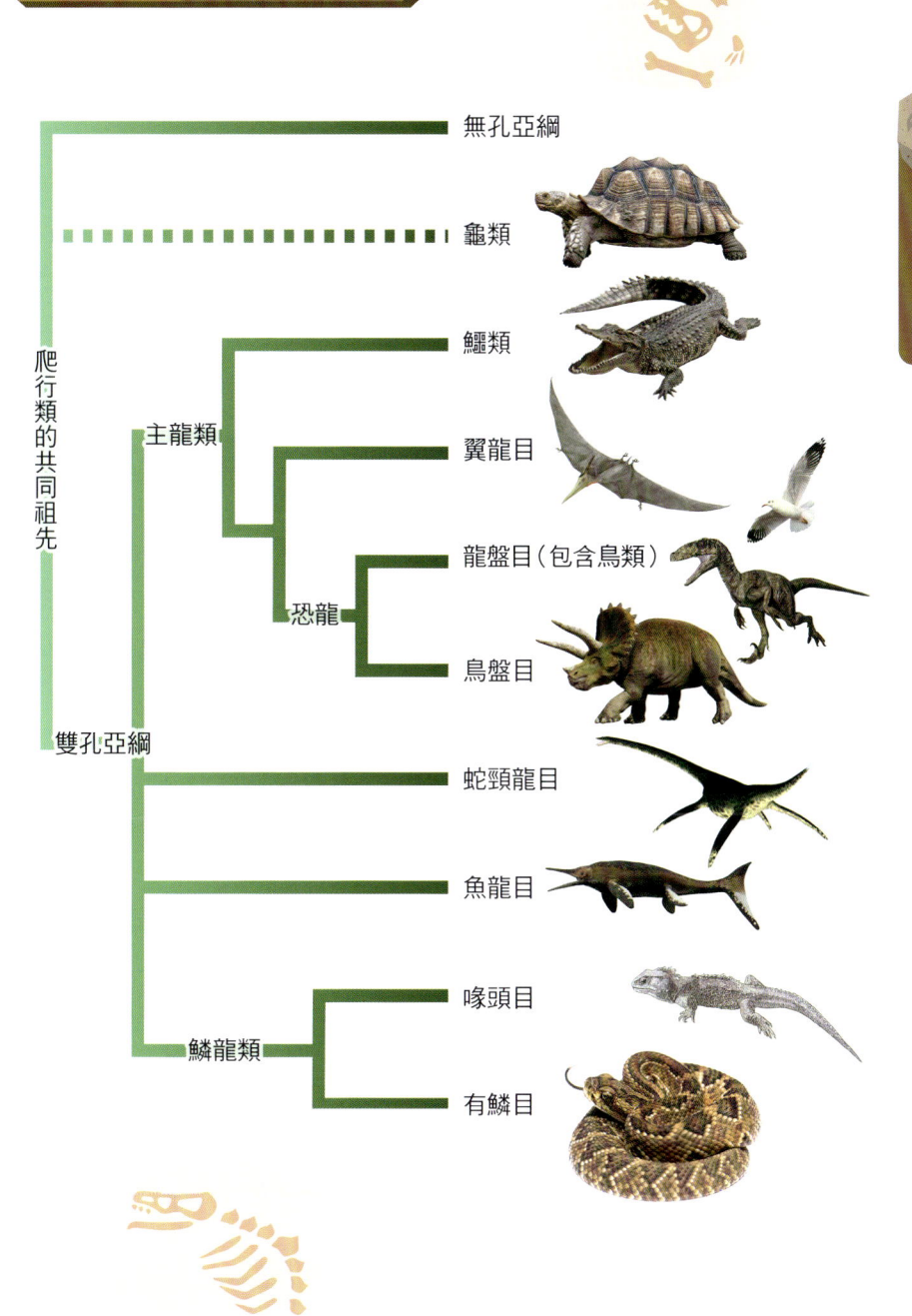

什麼是恐龍？

- 無孔亞綱
- 龜類
- 爬行類的共同祖先
  - 主龍類
    - 鱷類
    - 翼龍目
    - 恐龍
      - 龍盤目（包含鳥類）
      - 鳥盤目
  - 雙孔亞綱
    - 蛇頸龍目
    - 魚龍目
    - 鱗龍類
      - 喙頭目
      - 有鱗目

99

恐龍的繁榮得益於溫暖的氣候

三疊紀	侏羅紀	白堊紀
約2億5,217萬年前　　　約2億130萬年前	約1億4,500萬年前	約6,600萬年前

中生代

　　恐龍所生活的中生代氣候比現今更加溫暖。當時地球的火山活動頻繁，大氣中的二氧化碳濃度達到了現在的10倍以上。大量的二氧化碳將熱氣鎖在地表，導致地球氣溫比現在高出10～15℃。得益於如此溫暖的氣候，植物旺盛地生長，以這些植物為食的草食恐龍大舉繁衍，捕食草食恐龍的肉食恐龍也隨之增加，使得恐龍進入最為繁榮的時期，這個氣候溫暖且穩定的時代俗稱「溫室時代」。當時的地球海平面遠高於今日，海岸線外綿延著數百公里的廣大淺海。

恐龍是怎麼孵蛋的？

恐龍蛋化石的尺寸

在美國、阿根廷與蒙古等世界各地，都曾發現恐龍蛋的化石。科學家們正根據這些化石蛋的狀態和蛋巢的模樣，探索恐龍的孵化行為等各種研究。其中甚至發現了一些保存有恐龍胚胎骨頭珍貴化石。恐龍蛋化石的直徑大多落在12～20公分之間，較大者直徑可達30公分。蛋的體積愈大，就需要愈厚的蛋殼來確保強度；然而蛋殼太厚的話會妨礙蛋內胚胎的呼吸，也可能讓發育成熟的幼體無法自行破殼而出。所以不論體型再大的恐龍，恐龍蛋的大小應該都存在其極限。

名稱	嗜角竊蛋龍
學名	*Oviraptor philoceratops*

分類	獸腳亞目	生存年代	中生代白堊紀後期（約7,700萬～6,500萬年前）
通稱	嗜角竊蛋龍	化石產地	蒙古

▲蛋巢化石
Photo by Steve Starer

▲活體的想像圖
體長2公尺

生態：以雙足行走的肉食恐龍。雖然被稱為「竊蛋龍」，但科學家卻發現了竊蛋龍孵蛋的化石，蛋內是其幼體。

什麼是恐龍？

101

日本的恐龍

日本列島曾是恐龍王國

　　日本列島在古代曾是大陸的一部分，棲息著很多恐龍。日本首次發現恐龍化石是在1978年，地點位於岩手縣。那是某個蜥腳亞目生物的上臂化石，且被暱稱為「茂師龍」。後來，科學家發現日本各地都曾經存在著各種各樣的恐龍，比如暴龍的祖先、巨型肉食恐龍，以及推測全身覆蓋著羽毛的伶盜龍等獸腳亞目；正在爭奪日本最大型恐龍頭銜的「鳥羽龍」和「丹波龍」等蜥腳亞目；長著挺拔頭冠的賴氏龍屬鳥腳亞目，以及被懷疑可能是角龍科和鳥腳亞目共同祖先的白峰龍等等。

名稱 福井盜龍
學名 *Fukuiraptor*

集體狩獵的獸腳亞目

　　「福井盜龍」是日本於2000年第一個賦予正式學名的獸腳亞目肉食恐龍。人們於1988年首先發現了長約10公分的鉤爪化石。隨後又陸續找到許多其他的部位，並根據這些骨骼化石推測出恐龍的全長約4.2公尺。由於在同一地點發現了複數個體的化石，因此科學家推測這種恐龍會成群狩獵，捕食福井龍（→P92）等草食恐龍。

▲福井盜龍的全身骨骼化石
〔福井縣立恐龍博物館藏〕
Photo by Titomaurer

◀活體的想像圖
全長約4.2公尺

名稱 **日本濱鐮龍**

學名 *Paralitherizinosaurus japonicus*

擁有獨特爪子的日本新種恐龍

2000年人們在北海道中川町發現了某種恐龍的化石，那是距今約8,300萬年前的白堊紀後期坎帕期之蝦夷層群瀑川層。透過詳細的調查，在2022年確定這個化石屬於一種由鐮刀龍演化而來的新屬新種恐龍，並將其命名為「日本濱鐮龍」，意思是「住在日本海岸的鐮刀龍」。日本濱鐮龍是獸腳亞目的恐龍，根據推測，牠們的前肢長有近1公尺長的爪子，且全長可達10公尺。

▲已發現的日本濱鐮龍化石〔北海道中川町生態博物館中心藏〕

◀活體的想像圖
體長約10公尺

Photo by Masato Hattori

什麼是恐龍？

名稱 **神威龍**

學名 *Kamuysaurus japonicus*

全身骨骼最大的日本恐龍

神威龍就是2003年在北海道鵡川町發現骨頭化石的「鵡川龍」。鵡川龍在2019年9月獲得正式學名「*Kamuysaurus*」。Kamuy的日語漢字寫作「神威」，為愛奴語的「神明」之意。牠們生活在7,200萬年前的白堊紀後期，是屬於鴨嘴龍科的新種草食恐龍。由於其化石是在海底沉積層中發現的，科學家推測牠們生活在鄰近海岸線的地方。

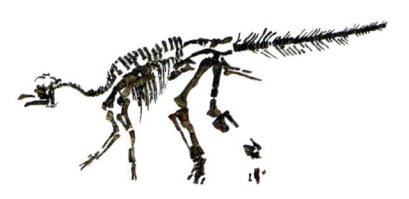

▲推測其全長約8公尺的「鵡川龍」全身骨骼

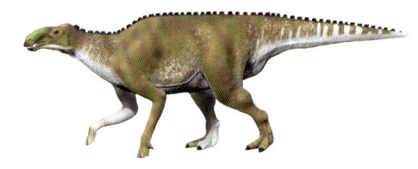

▲活體的想像圖
Photo by Nobu Tamura

不是恐龍的龍

翼龍和蛇頸龍不屬於恐龍

生活在中生代的大型爬行類有很多種類,然而,並非所有大型爬行類都是恐龍。比如中生代的海洋爬行類「蛇頸龍」、「魚龍」跟「滄龍」,以及在天空飛的「翼龍」等等,牠們都與恐龍分屬不同的類群。所謂的恐龍,指的是能直立行走的爬行類。恐龍不像同屬爬行類的蜥蜴和鱷魚,以彎著四肢、伏地挺身的姿勢支撐身體貼地爬行,而是用連接軀幹下方的腳行走於陸地;而在天空飛行與在海中游泳的爬行類不是直立行走,所以不算是恐龍。然而,由於翼龍的後腳特徵與恐龍極為相似,因此古生物學家推測牠們可能是從相同的祖先演化而來。

名稱 **鈴木雙葉龍**
學名 *Futabasaurus suzukii*

多啦A夢的恐龍小嘩原型

「鈴木雙葉龍」是蛇頸龍所屬的蛇頸龍目家族成員。1968年時仍在福島縣磐城市就讀高中的鈴木直先生,在大久川河岸的雙葉群層地層中發現了一個化石。這個化石後來因「日本首次出土的蛇頸龍」而遠近馳名,被確認為白堊紀後期棲息於日本近海的某種蛇頸龍。復原後的鈴木雙葉龍鰭上留有許多鯊魚牙齒的咬痕,故可想像當時這種蛇頸龍可能常遭受鯊魚攻擊。

▲鈴木雙葉龍的頭骨和下顎化石〔日本國立科學博物館藏〕
Photo by Momotarou2012

▲活體的想像圖
體長約7公尺

| 名稱 | **歌津魚龍** |
| 學名 | *Utatsusaurus* |

可能是史上最古老的魚龍？

「歌津魚龍」是魚龍目中最古老的成員，生活在三疊紀前期。其化石出土於1970年日本宮城縣的南三陸町。這種魚龍的眼睛很大、身體柔軟，根據推測，牠們會用擺動身體的方式在海中悠遊。此外，牠們的頭顱短小，軀幹細長，且前後鰭的大小相同，形態比其他時代的魚龍更接近陸地上的爬行類。

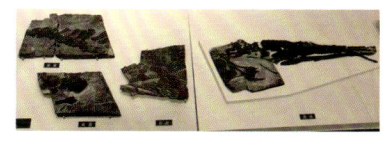

▲畑井歌津魚龍的化石〔日本國立科學博物館藏〕
Photo by Momotarou2012

▼活體的想像圖　體長約4公尺

什麼是恐龍？

| 名稱 | **翼手龍** |
| 學名 | *Pterodactylus* |

在日本發現的翼龍們

在日本的北海道、岩手縣、福井縣、兵庫縣等，各地都曾發現翼龍的化石，而且主要是白堊紀的翼龍化石。然而，由於翼龍的骨頭很薄，不容易變成化石保留下來，因此只有找到身體某部分的骨頭和牙齒，無法確定其詳細的種類。另外，日本也曾發現翼龍的足跡化石。該化石屬於侏羅紀中期一種會用四足行走的「翼手龍」亞目。

▲翼龍的化石〔北海道三笠市立博物館藏〕

◀活體的想像圖
推測牠們是以四足行走，且翅膀不接觸地面

105

專欄 為什麼恐龍會滅絕？

在距今約6,600萬年前的白堊紀末期，包含恐龍在內的大多數生物都突然滅絕了。對於這個謎團，科學家提出各種不同的假說，並進行了許多討論。現今最有力的說法，是一顆巨大隕石撞擊地球導致了這場滅絕。在白堊紀末期，地球的火山活動變得頻繁，印度西部不斷發生火山爆發，流出了大量岩漿。同時，海平面也下降，在遠離海洋的內陸地區發生了氣候變化，冬天變得比以往更加寒冷、夏天則變得更加炎熱。然後，就在這個時期，一顆小行星撞上了地球，成為當時全球生物和恐龍滅絕的最大原因。隕石撞擊濺起的塵埃和火災產生的煙霧籠罩整個地球，遮蔽了陽光。地球上的植物因此大量枯萎，使得以植物為食的動物失去食物來源。植食性動物滅絕之後，肉食動物也變得沒有東西可吃。結果導致以恐龍為首的眾多生物大量滅絕。

◀當時一顆直徑10公里左右的小行星（隕石）撞上現今墨西哥東部的猶加敦半島。科學家在此地的地下找到了直徑長達180公里的撞擊坑

第4章

現代發現的化石

藏在牆壁或大理石中的化石

除了博物館和理科教室之外，還有其他地方也能欣賞化石。那就是用沉積了古生物遺骸的石灰岩石材所打造的牆壁或樓梯。黑色、白色、橘色等各種顏色的石灰岩中，常常帶有各種各樣的紋路。

藏在街頭巷弄中的化石

在鐵路車站、地下街、商業大樓的牆壁和地板等我們平常不會留意的地方，其實也藏著化石。這些場所使用的石材大多是「大理石」，且主要來自如挪威的歐洲地區以及印度等地。我們可以在這類石材中發現侏羅紀末期到白堊紀初期，大約1億5,000萬年前的兩扇貝或螺貝化石。不過通常只能看到化石截面，很難分辨是哪種生物的化石。然而，意識到那些人們不曾特別留意過的石材花紋其實是珊瑚或貝類的化石，這件事情本身就很有趣。在日本國內，特別是東京車站周邊的建築物使用了大量石材，比如丸之內大廈的地下入口就是一個觀察化石的好地點。

▲丸之內大廈牆中的「箭石」化石。這種生物跟現代的槍烏賊很像，是中生代具代表性的海洋動物化石之一

尋找我們身邊的化石

　　石灰岩石材常用於百貨公司、車站、飯店、銀行等建築。下次發現用石灰岩建造的牆壁或樓梯時，不妨停下來觀察一下。但觀察時請務必先跟警衛或服務台的人員打聲招呼。

現代發現的化石

▲店內的大理石中到處都可找到菊石化石

▲▼位於東京都中央區的日本橋三越本店內牆中的「菊石」化石

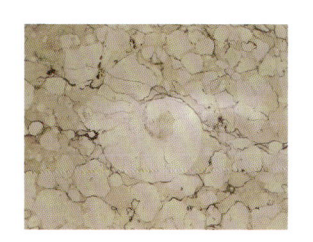

▲日本橋高島屋中也有菊石化石

▲在東京車站內的柱子上發現的螃蟹化石

能買到化石嗎？

　　如果你真的很想擁有一塊化石，也可以直接在網路上購買。以下介紹日本主要的化石銷售網站。化石銷售網站上有各種各樣的使用規範，小朋友只要有仔細閱讀並取得監護人的同意，就能夠放心地購買。

※注意內容、網址可能有所變更。

化石、礦物標本的專賣店 東京科學

https://www.tokyo-science.co.jp/

東京科學（東京サイエンス）是專門販賣化石、礦物、隕石等地質學相關商品的網路商店。該店在東京新宿有一個實體展示店，吸引很多人造訪。

可購買的化石種類

菊石、頭足綱、三葉蟲、魚類化石、鯊魚的牙齒化石、滄龍、恐龍、猛獁象、植物化石、琥珀、海百合化石、疊層石、礦物等

恐龍化石商品專賣店 fossil

https://www.palaeoshop-fossil.com/

fossil（ふぉっしる）是專門販賣恐龍化石商品的網路商店。他們的經營理念是「讓古生物更貼近日常生活」，網站上也提供大量跟古生物相關的新聞。

可購買的化石種類

三葉蟲、菊石、鸚鵡螺、埃迪卡拉生物群化石、寒武紀生物、棘皮動物、魚類化石、牙齒化石、巨齒鯊的牙齒、馬榮溪化石、矽化木、植物化石、疊層石等

菊石 ▶

Photo by Sarah Philipson

販賣化石的化石Seven

https://www.kaseki7.com/

化石Seven（化石セブン）是販賣恐龍和三葉蟲、菊石等化石的購物網站。他們每天都會在官方部落格上更新最新資訊。

可購買的化石種類

恐龍（暴龍、三角龍等）化石、菊石、斑彩石、三葉蟲、史上最大的鯊魚「巨齒鯊」牙齒化石、魚類化石、樹木化石（矽化木）等

世界的化石販售 KASEKIYA

https://www.kasekiya.net/

KASEKIYA主要販賣英國產的化石，以及世界各地的化石。網站上售有精心挑選的美麗化石和來自世界各國較為珍奇的化石。

可購買的化石種類

頭足綱化石（菊石、箭石等）、魚類化石、兩棲類化石、甲殼類化石、恐龍和海洋爬行類、棘皮動物化石（鱷魚和海星的同類）、哺乳類、三葉蟲、昆蟲、兩扇貝、螺貝、腕足動物、植物化石、珊瑚和外肛動物的化石等

化石販賣店 FF Store

https://www.ffstore.net/

以全世界的三葉蟲化石標本為首，販售疊層石、最古老的岩石、微生物、恐龍時代的生物化石等商品。

可購買的化石種類

三葉蟲、菊石、魚類化石、植物化石、疊層石、埃迪卡拉生物群化石、礦物、隕石等

現代發現的化石

可欣賞恐龍和古生物化石的日本博物館

⛏…可以體驗化石挖掘和標本製作的地方
※展示內容和體驗服務可能有所變動。

北海道

足寄動物化石博物館 ⛏
北海道足寄郡足寄町郊南1丁目29-25
☎ 0156-25-9100
以在足寄發現的化石為中心，展示了 *Ashoroa laticosta* 的全身骨骼，以及伯希摩斯獸和鯨類的標本。

中川町生態博物館中心・中川町自然誌博物館
北海道中川郡中川町安川28-9
☎ 01656-8-5133
展有日本最大的蛇頸龍和鐮刀龍的全身骨骼。

北海道大學綜合博物館
北海道札幌市北区北10条西8丁目
☎ 011-706-2658
展有日本龍和索齒獸等的骨骼化石，以及貝類和植物的化石。

三笠市立博物館
北海道三笠市幾春別錦町1丁目212-1
☎ 01267-6-7545
展有約600件北海道出土的菊石，並可看到三笠海怪龍的全身復原模型。

鵡川町立穗別博物館 ⛏
北海道勇払郡むかわ町穗別80-6
☎ 0145-45-3141
展有神威龍以及穗別荒木龍的化石。也有提供化石挖掘體驗&化石清理體驗的導覽行程（須事先申請）。

別海町 鄉土資料館 ⛏
北海道野付郡別海町別海宮舞町30
☎ 0153-75-0802
展有在野付半島近海發現的猛獁象化石群等。可以體驗製作猛獁象臼齒化石的複製品（須事先聯絡）。

沼田町化石體驗館 ⛏
北海道雨竜郡沼田町幌新381-1
☎ 0164-35-1029
可以在館內體驗化石挖掘，並不定期舉辦化石採集會。可實際採集帆立貝等生物的化石（須事先申請）。

瀧川市美術自然史館
北海道瀧川市新町2丁目5-30
☎ 0125-23-0502
展有瀧川海牛和暴龍的全身骨骼標本。

東北

岩手縣立博物館
岩手県盛岡市上田松屋敷34
☎ 019-661-2831
展有馬門溪龍和開角龍的全身骨骼（複製品），以及茂師龍的上腕骨（複製品）。

久慈琥珀博物館 🔍
岩手県久慈市小久慈町19-156-133
☎ 0194-59-3821
館內有大量內含大型昆蟲的琥珀和羽毛化石等琥珀標本，可以欣賞到久慈近郊出土的以及全球的琥珀。也能夠體驗琥珀採集活動（須事先申請）。

東北大學綜合學術博物館
（理學部自然史標本館）
宮城県仙台市青葉区荒巻青葉6-3
☎ 022-795-6767
依年代展有前寒武紀時代到新生代的各種化石。可觀賞到劍龍和福井盜龍的全身復原骨骼與魚龍類化石。

3M仙台市科學館
宮城県仙台市青葉区台原森林公園4-1 仙台市科学館
☎ 022-276-2201
展有異特龍的全身骨骼和大象的大型標本。

海牛樂園高鄉 🔍
福島県喜多方市高郷町西羽賀和尚堂3163

☎ 0241-44-2024
複合交流設施中的體驗學習區設有展示室和化石清理室。展有貝類、鯨魚、海牛的化石，也可體驗化石挖掘活動。

秋田縣立博物館 🔍
秋田県秋田市金足鳰崎後山52
☎ 018-873-4121
可體驗貝類化石的石膏複製品製作活動。

山形縣立博物館
山形県山形市霞城町1-8
☎ 023-645-1111
可觀賞到日本最大的海星實物化石。

福島縣立博物館
福島県会津若松市城東町1-25
☎ 0242-28-6000
展有福島縣出土的鈴木雙葉龍和古索齒獸的全身骨骼。

磐城市菊石中心 🔍
福島県いわき市大久町大久鶴房147-2
☎ 0246-82-4561
直接建造在約8,900萬年前的菊石等化石大量集中的地層上的設施。外面緊鄰著室外體驗挖掘場。

關東

Museum Park 茨城縣自然博物館
茨城県坂東市大崎700

現代發現的化石

113

☎ 0297-38-2000
展有全世界最大的猛獁象──松花江猛獁象和諾爾龍的全身骨骼。

栃木縣立博物館
栃木県宇都宮市睦町2-2
☎ 028-634-1311
展有劍龍和異特龍的全身骨骼。

佐野市葛生化石博物館
栃木県佐野市葛生東1丁目11-15
☎ 0283-86-3332
可觀賞二疊紀相關展品和日本犀復原骨骼。

木之葉化石園 🦴
栃木県那須塩原市中塩原472
☎ 0287-32-2052
博物館內展有約1,200件化石。其中約220種是在園內的鹽原湖成層（30萬年前）出土的動植物化石。可以在園內商店體驗化石挖掘（須收費）。

東松山市化石與自然體驗館 🦴
埼玉県東松山市坂東山13（ばんどう山第2公園內）
☎ 0493-35-3892
東松山市的坂東山地區在約1,500萬年前曾是海洋，館內展有很多從該地層挖出的鯊魚牙齒化石。也可體驗化石挖掘活動（須收費並預約）。

神流町恐龍中心 🦴
群馬県多野郡神流町大字神ヶ原51-2
☎ 0274-58-2829

展有在町內發現的化石和在蒙古發現的恐龍化石。除此之外，主要在週六及週日舉辦的化石挖掘體驗（須預約）和化石複製品製作體驗也廣受歡迎。

群馬縣立自然史博物館
群馬県富岡市上黒岩1674-1
☎ 0274-60-1200
以在群馬縣發現的恐龍為首，展有圓頂龍的全身骨骼，以及仿真機械暴龍和似雞龍等等。

千葉縣立中央博物館
千葉県千葉市中央区青葉町955-2
☎ 043-265-3111
展示房總半島的形成過程，可觀賞諾氏古菱齒象的骨骼標本和在房總半島挖掘到的化石。

日本國立科學博物館
東京都台東区上野公園7-20
☎ 050-5541-8600
展有三葉蟲、菊石、大型恐龍和猛獁象等許多化石。可學習到生物演化的歷史等等。

板橋區立教育科學館
東京都板橋区常盤台4丁目14-1
☎ 03-3559-6561
展有三角龍的頭骨化石與埃德蒙頓龍的腳部化石。另外也能觀賞到內含昆蟲的琥珀。

城西大學水田紀念博物館 大石化石展覽廳
東京都千代田区平河町2丁目3-20

☎ 03-6238-1031

展有腔棘魚、魚類、植物、昆蟲、甲殼類、爬行類等的化石。

神奈川縣立生命之星・地球博物館
神奈川縣小田原市入生田499

☎ 0465-21-1515

展有埃德蒙頓龍的實物全身骨骼，也有可供觸摸的恐龍化石和菊石之牆等等。

北陸、中部

新潟縣立自然科學館
新潟縣新潟市中央區女池南3丁目1-1

☎ 025-283-3331

可以觀賞諾氏古菱齒象和三角龍的全身骨骼。另外還展有新潟縣內出土的動物化石以及植物化石。

中央大地溝博物館 🔗
新潟新糸魚川市一ノ宮1313

☎ 025-553-1880

可在中央大地溝博物館用地內的戶外設施「化石之谷」中，採集「珊瑚」和「外肛動物」等約3億年前的化石（報名依順序，須收費）。

富山市科學博物館
富山縣富山市西中野町1丁目8-31

☎ 076-491-2123

展有諾氏古菱齒象和異特龍的全身骨骼，以及在富山市發現的恐龍足跡化石。

白山恐龍公園白峰 🔗
石川縣白山市桑島4号99-1

☎ 076-259-2724

展有全長超過20公尺的梁龍骨骼標本等豐富的展示物。並且可以隨時參加化石挖掘體驗活動（受理時間至16時為止，體驗活動至16時半為止）。

福井縣立恐龍博物館 🔗
福井縣勝山市村岡町寺尾51-11

☎ 0779-88-0001

與加拿大的皇家蒂勒爾博物館、中國的自貢恐龍博物館並列為世界三大恐龍博物館。可欣賞到以亞洲為中心，來自世界各地的恐龍全身骨骼。整修後於2023年7月14日重新開放。

勝山恐龍之森 🔗
福井縣勝山市村岡町寺尾51-11

☎ 0779-88-8777（公園管理事務所）

可體驗珍貴化石的挖掘活動，並使用工具敲開從挖掘現場運來的岩石。另外還能把貝類與植物化石帶回家，一邊玩樂一邊學習（須預約）。

大野市化石挖掘體驗中心HOROSSA！🔗
福井縣大野市角野14-3

☎ 0779-78-2070

可使用廣泛分布在大野市內的古生代至白堊紀前期的地層岩石，來體驗化石挖掘。地層中可發現恐龍牙齒、菊石、植物、貝類等各種各樣的化石（須收費）。

現代發現的化石

長野市立博物館 分館
戶隱地質化石博物館 🔨
長野縣長野市戶隱栃原3400
☎ 026-252-2228
利用廢棄學校改建而成的自然史博物館。也有舉辦使用釘子和鐵鎚敲開內有化石的石頭，並將化石清理至可展示狀態的活動。

信州新町化石博物館
長野縣長野市信州新町上条87-1
☎ 026-262-3500
展有實體大小的梁龍復原模型、彎龍和蛇頸龍的複製品，以及三葉蟲和菊石的化石。

野尻湖諾氏古菱齒象博物館
長野縣上水內郡信濃町野尻287-5
☎ 026-258-2090
展有在野尻湖挖掘發現的諾氏古菱齒象和矢部大角鹿的化石。

岐阜縣博物館
岐阜縣關市小屋名1989
☎ 0575-28-3111
可觀賞異特龍、劍龍、禽龍的全身骨骼。

瑞浪市化石博物館 🔨
岐阜縣瑞浪市明世町山野內1-47
☎ 0572-68-7710
可透過於瑞浪市周邊出土、多達1,500種的化石學習地球的歷史。可以體驗化石採集與模型製作等活動（須預約、自備工具）。

豐橋市自然史博物館
愛知縣豐橋市大岩町大穴1-238
☎ 0532-41-4747
以埃德蒙頓龍為首，展有10具全身骨骼。

▍近畿 ▏▎

三重縣綜合博物館
三重縣津市一身田上津部田3060
☎ 059-228-2283
可觀賞到鳥羽龍的大腿骨化石。此外也有展示禽龍科的足跡化石和三重劍齒象的全身骨骼。

和歌山縣立自然博物館 🔨
和歌山縣海南市船尾370-1
☎ 073-483-1777
以恐龍化石為首，展有豐富的和歌山縣化石。每年都會舉辦許多體驗型活動。

京都市青少年科學中心
京都府京都市伏見区深草池ノ內町13
☎ 075-642-1601
展有極具魄力的「會動會講話的暴龍動態模型」。

大阪市立自然史博物館
大阪府大阪市東住吉区長居公園1-23
☎ 06-6697-6221
展有異特龍和劍龍等恐龍、爬行類的骨骼標本，以及遠古象類和鯨類的化石等。

岸和田自然資料館
大阪府岸和田市堺町6-5
☎ 072-423-8100
展有滄龍、諾氏古菱齒象的化石與全身骨骼模型、岸和田鱷的頭骨複製品等。

大阪大學綜合學術博物館
大阪府豊中市待兼山町1-20
☎ 06-6850-6284
展有1964年在豊中校區內挖掘出土、國際認可珍貴的豊玉姬鱷全身骨骼。

兵庫縣立 人與自然博物館
兵庫県三田市弥生が丘6丁目
☎ 079-559-2001
展有丹波巨龍1/10比例的全身骨骼模型和許多恐龍的骨骼模型。

姬路科學館「原子之館」
兵庫県姫路市青山1470-15
☎ 079-267-3001
從手掌大小的化石到恐龍的全身骨骼等，展有各時代的化石與復原模型。

丹波地區恐龍化石田博物館
兵庫県丹波市柏原町柏原688
☎ 0795-78-9961
以位於兵庫縣丹波篠山市和丹波市的「篠山層群」及其周邊一帶為舞台，可在玩樂中學習的「野外博物館」。也有舉辦恐龍化石的挖掘體驗會（須收費）。

中國、四國

鳥取縣立博物館
鳥取県鳥取市東町2丁目124
☎ 0857-26-8042
展示、收藏了許多鳥取縣的化石（宮下產的魚類化石、辰巳峠的植物和昆蟲化石等）。

奧出雲多根自然博物館
島根県仁多郡奥出雲町佐白236-1
☎ 0854-54-0003
展有異特龍和包頭龍的全身骨骼與各種化石。是日本唯一可住宿的博物館，也有住宿者限定的夜間博物館區。

倉敷市立自然史博物館
岡山県倉敷市中央2丁目6-1
☎ 086-425-6037
展有許多出自岡山縣的化石。擁有豐富的新生代諾氏古菱齒象和東方劍齒象等化石。

笠岡市立鱟博物館
岡山県笠岡市横島1946-2
☎ 0865-67-2477
展有圓頂龍和蛇頸龍等各種大大小小不同尺寸的全身復原骨骼。

廣島大學綜合博物館
広島県東広島市鏡山1丁目1-1
☎ 084-424-4212
除了直徑40公分的菊石和迷惑龍的脊椎骨，還可以近距離觀賞許多珍貴的化石。

現代發現的化石

美祢市歷史民族資料館
山口縣美祢市大嶺町東分 279-1
☎ 0837-53-0189
展有美祢市出古的古生代、中生代、新生代等各時代的化石。

美祢市化石館 📱
山口縣美祢市大嶺町東分 315-12
☎ 0837-52-5474
展有諾氏古菱齒象的全身骨骼、菊石，以及美祢市出土的日本最古老的昆蟲化石。每月會舉辦一次化石採集體驗活動（須預約）。

下關市立自然史博物館 豐田螢之里博物館
山口縣下関市豊田町大字中村 50-3
☎ 083-767-0350
展有以螢火蟲為首的下關動植物以及菊石等的化石。

德島縣立博物館
德島縣德島市八万町向寺山
☎ 088-668-3636
可觀賞暴龍、泰坦龍類的全身骨骼，以及在德島縣發現的鴨嘴龍類的牙齒化石等。

愛媛縣綜合科學博物館
愛媛縣新居浜市大生院 2133-2
☎ 0897-40-4100
展有副櫛龍、異特龍、劍龍的全身骨骼（複製品），以及諾氏古菱齒象的化石等。

佐川町立佐川地質館 📱
高知縣高岡郡佐川町甲 360
☎ 0889-22-5500
以在佐川發現的化石為首，可欣賞到來自世界各地的化石。館內還有會動的暴龍模型。可以親子一起體驗化石採掘和清理活動（須洽詢）。

九州、沖繩

北九州市立生命之旅博物館
福岡縣北九州市八幡東區東田 2 丁目 4-1
☎ 093-681-1011
西日本最大規模的自然史博物館。擺放在一起的恐龍骨骼標本充滿魄力。

佐賀縣立博物館
佐賀縣佐賀市城內 1 丁目 15-23
☎ 0952-24-3947
展有暴龍的生態模型，以及在佐賀縣挖掘到的兩棲犀牙齒等化石標本。

長崎市恐龍博物館
長崎縣長崎市野母町 568-1
☎ 095-898-8000
展有在長崎市發現的珍貴恐龍化石，以及日本國內首次發現的大型種暴龍科化石等全身骨骼複製品。

天草市立御所浦恐龍之島博物館 📱
熊本縣天草市御所浦町御所浦 4310-5
☎ 0969-67-2325
展有日本最大的肉食恐龍牙齒和日本最古老的

大型哺乳類化石，以及在天草當地出土的化石與標本。

御船町恐龍博物館
熊本縣上益城郡御船町御船995-6
☎ 096-282-4051

展有約20具恐龍的全身骨骼。可觀賞在御船層群發現的恐龍化石、爬行類、哺乳類等化石。也可以在隔壁的御船町觀光交流中心體驗化石挖掘活動。

宮崎縣綜合博物館
宮崎縣宮崎市神宮2丁目4-4
☎ 0985-24-2701

展有暴龍、始盜龍等的全身骨骼。也可以觸摸薩爾塔龍的上腕骨化石。

鹿兒島縣立博物館
鹿兒島縣鹿兒島市城山町1-1
☎ 099-223-6050

展有異特龍與彎龍的全身骨骼。該骨骼使用了60～70%的真實化石，這一點在日本也十分罕見。

甑博物館恐龍化石等準備室
鹿兒島縣薩摩川內市鹿島町藺牟田1457-10
☎ 09969-4-2211

展有從下甑島的姬浦層群挖出的恐龍全身骨骼。可觀摩工作人員如何從岩石中清理修復研究中的化石（每年暑假舉辦體驗會）。

沖繩縣立博物館・美術館
沖繩縣那霸市おもろまち3丁目1-1
☎ 098-941-8200

展有鯨魚和菊石等在沖繩縣發現的各種化石。

▲長崎市恐龍博物館　Photo by Marine-Blue

現代發現的化石

化石變成能源的原理

什麼是化石燃料？

　　所謂的化石燃料，是指生活於古代的動植物遺骸堆積在地底下，受到漫長時間擠壓和地熱的影響而形成的易燃物質。這些物質包含煤炭、石油、天然氣等等，可以被加工成燈油或汽油、用來當成火力發電的燃料或塑膠的原料。然而，由於形態和性質發生了改變，因此化石燃料中通常不會含有化石。煤炭主要是由一種大量存在於石炭紀，名為「鱗木」的大型樹木所形成。這些存活在距今3億年前的樹木被埋入地下，在地球內部的熱量和壓力作用下變成了又黑又硬的煤炭。如鱗木這種生活在幾億年前的動植物被埋入地下，在地球內部形成液體的變成石油、形成固體的成為煤炭、形成氣體的則變成天然氣。這些物質統稱為「化石燃料」。這些「化石燃料」的主要特徵是存量有限並且容易燃燒使用。另一方面，燃燒「化石燃料」會比核能、太陽能、風力等能源產生更多導致全球暖化的二氧化碳（CO_2）。

◀鱗木的葉片化石
Photo by Smith 609

化石燃料的種類

煤炭

▲含有許多水分和礦物質等無機物的固態物質

石油

▲主要成分是碳化氫,並含有硫、氮、氧等化合物的液態物質

天然氣

▲主要成分是甲烷的氣體

現代發現的化石

主要的非常規石油與天然氣示意圖

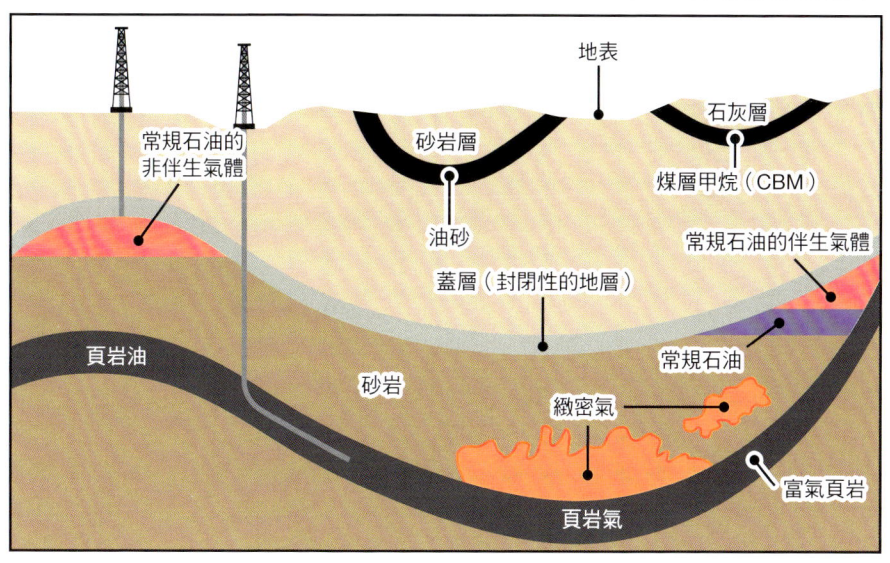

- 地表
- 砂岩層
- 石灰層
- 常規石油的非伴生氣體
- 煤層甲烷(CBM)
- 油砂
- 常規石油的伴生氣體
- 蓋層(封閉性的地層)
- 頁岩油
- 砂岩
- 常規石油
- 緻密氣
- 富氣頁岩
- 頁岩氣

▲與常規石油不同,位於地下更深處的堅硬地層頁岩層中,含有原油(頁岩油)以及天然氣(頁岩氣)

121

專欄 5　如何成為一名化石研究者？

　　古生物學家是專門研究恐龍、古生物，以及其他化石等遠古生物的人。主要工作就是挖掘與研究化石，並將研究成果公諸於世。古生物學家（恐龍學家）必須運用各種資訊進行專門研究，因此需要具備多領域的知識。所以在日本如果想成為古生物學家，首先可以進入大學理學院，學習地質學和地球科學。但要考上大學，就不能只學習理科，還必須綜合學習各種不同科目。大學畢業後，最正規的路線是讀研究所取得博士學位，然後進入研究機構工作。此外，由於古生物學家還需要飛到世界各地挖掘和調查化石，所以包含英語在內的外語能力也不可或缺。為了在外國流暢地與其他學者交流，認識外國的文化也非常重要。在學生時代學習各種領域的知識會很有幫助。另外還有一種跟恐龍研究相關的職種「標本製作員（Preparator）」。主要的工作是在博物館或在大學教授的指導下，負責挖掘化石或清理所挖到的化石，以便化石研究者能更深入地分析探究。有時也需要將一塊塊的骨頭組裝起來，進行骨骼復原的工作。

後　記

　　地球的生命史，自35億年前生命首次誕生以來，已孕育了數億種以上的生物。而化石則是連接過去和現在的唯一橋梁。假如這世上不存在化石，我們恐怕將完全無法得知地球的歷史和生命的歷史。也不可能知道3億年前曾有三葉蟲在海底爬行、1億年前曾有恐龍稱霸地球。

　　化石不只是外表美麗，還能告訴我們許多重要的資訊。本書主要挑選了動物的化石來代表這些已經滅絕的生物，因此只能簡單提及植物和古微生物的部分。希望大家都能喜歡上書中介紹的、挑選的這些生物。為了幫助讀者能夠更輕鬆地認識化石以及對化石產生興趣，本書下了許多工夫。希望大家可以把學習化石和古生物的歷史當成一種娛樂，並加以活用。同時也由衷期盼所有翻閱本書的讀者能對化石和古生物多增加一點點興趣。

索引

英語
Dicranurus 31

2畫
二疊紀 11

3畫
三尖齒獸 57
三角龍 ...... 14、78
三笠海怪龍 47
三葉蟲 30
三疊中國龍 62
三疊紀 11
大地懶 80
大型化石 7

4畫
中生代 ...... 11、95、96
中國鳥龍 17
中華龍鳥 69
中龍 38
五角龍 79
化石 6
化石燃料 120
化學化石 8
巴基鯨 52
幻龍 40

日本龍 73
日本濱鐮龍 103

5畫
加斯頓龍 70
卡瓦勒斯基櫛蟲 31
古巨龜 49
古生代 ...... 11、16
古生物學家 122
古近紀 11
巨脈蜻蜓 84
巨猿 83
巨齒擬噬人鯊 51
生痕化石 8
白堊紀 11
石炭紀 11

6畫
地層 10
地質年代 ...... 10、11

7畫
志留紀 11
沉積物 12
角龍科 ...... 78、79

8畫

詞條	頁碼
侏羅紀	11
夜翼龍	91
奇異日本菊石	25
奇蝦	26
始祖馬	54
始祖鳥	86
始盜龍	61
怪誕蟲	29
泥盆紀	11
爬行類	98、99

9畫

詞條	頁碼
冠鱷獸	58
南翼龍	88
厚頭龍	76
厚頭龍科	76
指相化石	9、16
指準化石	9、16
挖掘化石	18、19
皇室歐巴賓海蠍	28
盾甲龍	56
風神翼龍	89

10畫

詞條	頁碼
恐爪龍	15、72
恐龍	94、96、98、99、100
恐龍的名字	14
恐龍蛋	101
恐龍滅絕	106
恐鱷	45
海王龍	47
真猛瑪象	81

11畫

詞條	頁碼
神威龍	103
草原古馬	55
釘狀龍	67
副普若斯菊石	48
旋齒鯊	37
梁龍	65
梅氏利維坦鯨	50
混翅鱟	32
清理化石	20、122
現代馬	55
理查・歐文	14
異特龍	68
異齒龍	59
第四紀	11
蛇頸龍	42
蛇頸龍目	42、43、44
陸行鯨	53
魚龍	41
魚龍目	41
鳥腳亞目	71、73
鹿間貝	39

12畫

詞條	頁碼
博物館	112～119
喙嘴翼龍	85
寒武紀	11
斑彩石	111
斑龍	63
最古老的化石	22
棘龍	77
植物化石	10、13

無齒翼龍	90
琥珀	8、13
腕龍	64
菊石	24、48、109
裂口鯊	36

13畫

奧陶紀	11
微體化石	7
新生代	11
新近紀	11
新翼魚	34
滄龍	13、46
滑齒龍	44
禽龍	71
裝甲類	70
鈴木雙葉龍	104
隕石	106
馳龍	17

14畫

實體化石	8
歌津魚龍	105
福井龍	92
福井盜龍	102
蜥腳亞目	64、65

15畫

劍齒虎	82
劍龍	15、66
劍龍科	66、67
廣翅鱟	8

暴龍	21、74
標本製作員	122
箭石	108
鄧氏魚	35

16畫

諾氏古菱齒象	16
龍盤目	61

17畫

穗別荒木龍	43
翼手龍	105
翼肢鱟	33
翼龍目	85、88、89、90

19畫

獸腳亞目	62、63、68、69、72、74、77
鏈鱷	60

126

参考文獻

《化石図鑑（自然科学ハンドブック）》
デヴィッド・J・ウォード著，2023年出版，創元社

《世界を変えた100の化石　新装版（大英自然史博物館シリーズ1）》
ポール・D・テイラー、アーロン・オデア著，眞鍋眞監修，2022年出版，エクスナレッジ

《化石の復元，承ります。　古生物復元師たちのおしごと》
木村由莉著，ツク之助（插圖），2022年出版，ブックマン社

《Newton大図鑑シリーズ　恐竜大図鑑》
小林快次監修，2021年出版，Newton PRESS

《漫画　むかわ竜発掘記：恐竜研究の最前線と未来がわかる》
小林快次監修，土屋健（企劃、原案），山本佳輝、サイドランチ（漫畫），2019年出版，誠文堂新光社

《帰ってきた！日本全国化石採集の旅―化石が僕をはなさない》
大八木和久著，2018年出版，築地書館

《日本の恐竜大研究（楽しい調べ学習シリーズ）》
冨田幸光監修，2018年出版，PHP研究所

《ぼくは恐竜探険家！》
小林快次著，2018年出版，講談社

《地層のきほん：縞模様はどうしてできる？岩石や化石から何がわかる？地球の活動を読み解く地層の話》
目代邦康、笹岡美穂著，2018年出版，誠文堂新光社

《大迫力！恐竜・古生物大百科》
福井県立恐竜博物館監修，2017年出版，西東社

《楽しい動物化石》
土屋健著，ネイチャー＆サイエンス編輯，2016年出版，河出書房新社

《世界の恐竜MAP：驚異の古生物をさがせ！》
土屋健著，2016年出版，エクスナレッジ

《日本の白亜紀・恐竜図鑑》
宇都宮聡、川崎悟司著，2015年出版，築地書館

《産地別日本の化石750選：本でみる化石博物館・別館》
大八木和久著，2015年出版，築地書館

《化石観察入門：様々な化石の特徴、発掘方法、新しい調べ方がわかる》
芝原暁彦著，2014年出版，誠文堂新光社

《化石ウォーキングガイド関東甲信越版：古代ロマンを求めて化石発掘26地点》
相場博明編著，宮橋裕司、杵島正洋、柊原礼士著，2013年出版，丸善出版

《日本の恐竜図鑑：じつは恐竜王国日本列島》
宇都宮聡、川崎悟司著，2012年出版，築地書館

《なぞにせまる！化石・恐竜の大研究―生命の記録を読みとこう》
冨田幸光監修，2009年出版，PHP研究所

《恐竜化石のひみつ（学研まんが新・ひみつシリーズ）》
金子隆一監修，小沼洋一（插圖），2007年出版，学研プラス

《恐竜研究所へようこそ》
林原自然科学博物館著，2007年出版，童心社

【編輯・內文】　浅井 精一、本田 玲二
【Design】　斎藤 美歩、安井 美穂子
【插　　畫】　松井 美樹
【製　　作】　株式会社カルチャーランド
【支　　援】　株式会社T.G.ワークス（商標：KASEKIYA）
　　　　　　　代表／細川 努
　　　　　　　ジュラ株式会社（商標：化石セブン）
　　　　　　　代表／藤田 大

GO！認識我們的地球
化石身世大探索

2025年6月1日初版第一刷發行

著　　者　「化石的一切」編輯室
譯　　者　陳識中
編　　輯　吳欣怡
特約編輯　劉泓葳
發 行 人　若森稔雄
發 行 所　台灣東販股份有限公司
　　　　　＜地址＞台北市南京東路4段130號2F-1
　　　　　＜電話＞（02）2577-8878
　　　　　＜傳真＞（02）2577-8896
　　　　　＜網址＞https://www.tohan.com.tw
郵撥帳號　1405049-4
法律顧問　蕭雄淋律師
總 經 銷　聯合發行股份有限公司
　　　　　＜電話＞（02）2917-8022

著作權所有，禁止翻印轉載。
購買本書者，如遇缺頁或裝訂錯誤，
請寄回更換（海外地區除外）。
Printed in Taiwan

MINNA GA SHIRITAI! KASEKI NO SUBETE
TAIKO NO IKIMONOTACHI NO SHINKA TO
ZETSUMETSU NO NAZO WO TOKU
© Cultureland, 2023
Originally published in Japan in 2023 by MATES
universal contents Co.,Ltd.,TOKYO.
Traditional Chinese translation rights arranged
with MATES universal contents Co.,Ltd.,TOKYO,
through TOHAN CORPORATION, TOKYO.

國家圖書館出版品預行編目 (CIP) 資料

化石身世大探索: GO!認識我們的地球／「化
　石的一切」編輯室著；陳識中譯. -- 初
　版. -- 臺北市：臺灣東販股份有限公司,
　2025.06
　128面；14.8×21公分
　ISBN 978-626-379-927-1(平裝)

1.CST: 古生物學 2.CST: 化石 3.CST: 通俗作品

359　　　　　　　　　　　　　114004823